$a^2+b^2=c^2$

蔡聰明　著

數學的發現趣談

三民書局

《鸚鵡螺數學叢書》總序

本叢書是在三民書局董事長劉振強先生的授意下，由我主編，負責策劃，邀稿與審訂。誠摯邀請關心臺灣數學教育的寫作高手，加入行列，共襄盛舉。希望把它發展成為具有公信力、有魅力並且有口碑的數學叢書，叫做「鸚鵡螺數學叢書」。願為臺灣的數學教育略盡棉薄之力。

I 論題與題材

舉凡中小學的數學專題論述、教材與教法、數學科普、數學史、漢譯國外暢銷的數學普及書、數學小說，還有大學的數學論題：數學通識課的教材、微積分、線性代數、初等機率論、初等統計學、數學在物理學與生物學上的應用、……等等，皆在歡迎之列。在劉先生全力支持下，相信工作必然愉快並且富有意義。

我們深切體認到，數學知識累積了數千年，內容多樣且豐富，浩瀚如汪洋大海，數學通人已難尋覓，一般人更難以親近數學。因此每一代的人都必須從中選擇優秀的題材，重新書寫：注入新觀點、新意義，新連結。**從舊典籍中發現新思潮，讓知識和智慧與時俱進，給數學賦予新生命。**本叢書希望聚焦於當今臺灣的數學教育所產生的問題與困局，以幫助年輕學子的學習與教師的教學。

從中小學到大學的數學課程，被選擇來當教育的題材，幾乎都是很古老的數學。但是數學萬古常新，沒有新或舊的問題，只有寫得好或壞的問題。兩千多年前，古希臘所證得的畢氏定理，在今日多元的光照下只會更加輝煌、更寬廣與精深。自從古希臘的成功商人、第一位哲學家兼數學家泰利斯 (Thales) 首度提出兩個石破天驚

的宣言：**數學要有證明，以及要用自然的原因來解釋自然現象**（拋棄神話觀與超自然的原因）。從此，開啟了西方理性文明的發展，因而產生**數學、科學、哲學**與民主，幫忙人類從農業時代走到工業時代，以至今日的電腦資訊文明。這是人類從野蠻蒙昧走向文明開化的歷史。

古希臘的數學結晶於歐幾里得 13 冊的《原本》(The Elements)，包括平面幾何、數論與立體幾何；加上阿波羅紐斯 (Apollonius) 8 冊的圓錐曲線論；再加上阿基米德求面積、體積的偉大想法與巧妙計算，使得他幾乎悄悄地來到微積分的大門口。這些內容仍然都是今日中學的數學題材。我們希望能夠學到大師的數學，也學到他們的高明觀點與思考方法。

目前中學的數學內容，除了上述題材之外，還有代數、解析幾何、向量幾何、排列與組合，最初步的機率與統計。對於這些題材，我們希望本叢書都會有人寫專書來論述。

II 讀者的對象

本叢書要提供豐富的、有趣的且有見解的數學好書，給小學生、中學生到大學生以及中學數學教師研讀。我們會把每一本書適用的讀者群，定位清楚。一般社會大眾也可以衡量自己的程度，選擇合適的書來閱讀。我們深信，**閱讀好書是提升與改變自己的絕佳方法**。

教科書有其客觀條件的侷限，不易寫得好，所以要有其它的數學讀物來補足。本叢書希望在寫作的自由度差不多沒有限制之下，寫出各種層次的好書，讓想要進入數學的學子有好的道路可走。看看歐美日各國，無不有豐富的普通數學讀物可供選擇。這也是本叢書構想的發端之一。

學習的精華要義就是，**儘早學會自己獨立學習與思考的能力**。

當這個能力建立後，學習才算是上軌道，步入坦途。可以隨時學習，終身學習，達到「真積力久則入」的境界。

我們要指出：學習數學沒有捷徑，必須要花時間與精力，用大腦思考才會有所斬獲。不勞而獲的事情，在數學中不曾發生。找一本好書，靜下心來研讀與思考，才是學習數學最平實的方法。

III 鸚鵡螺的意象

本叢書採用鸚鵡螺 (Nautilus) 貝殼的剖面所呈現出來的奇妙**螺線** (spiral) 為標誌 (logo)，這是基於數學史上我喜愛的一個數學典故，也是我對本叢書的期許。

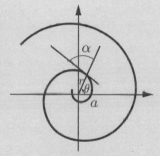

鸚鵡螺貝殼的剖面　　　　　　　　等角螺線

鸚鵡螺貝殼的螺線相當迷人，它是等角的，即向徑與螺線的交角 α 恆為不變的常數 ($a \neq 0°, 90°$)，從而可以求出它的極坐標方程式為 $r = ae^{\theta \cot \alpha}$，所以它叫做**指數螺線**或**等角螺線**；也叫做**對數螺線**，因為取對數之後就變成阿基米德螺線。這條曲線具有許多美妙的數學性質，例如自我形似 (self-similar)，生物成長的模式，飛蛾撲火的路徑，黃金分割以及費氏數列 (Fibonacci sequence) 等等都具有密切的關係，結合著數與形、代數與幾何、藝術與美學、建築與音樂，讓瑞士數學家白努利 (Bernoulli) 著迷，要求把它刻在他的墓碑

上，並且刻上一句拉丁文：

Eadem Mutata Resurgo

此句的英譯為：

Though changed, I arise again the same.

意指「**雖然變化多端，但是我仍舊照樣升起**」。這蘊含有「**變化中的不變**」之意，象徵規律、真與美。

　　鸚鵡螺來自海洋，海浪永不止息地拍打著海岸，啟示著恆心與毅力之重要。最後，期盼本叢書如鸚鵡螺之「**歷劫不變**」，在變化中照樣升起，帶給你啟發的時光。

眼閉
從一顆鸚鵡螺
傾聽真理大海的吟唱

靈開
從每一個瞬間
窺見當下無窮的奧妙

了悟
從好書求理解
打開眼界且點燃思想

蔡聰明

2012 歲末

楊 序

我與 Zeitung（讀做「蔡通」）師弟之間，極其相得；認識他，可說是我（到此為止的）後半生的一件好運！

我們討論過很多，大學或中學裡一些數學問題的思路，當然這些都歸結到數學教育的問題。我們同處一辦公室已逾廿年，這樣子經常的討論，使得我常忘掉我正在說的意見是否源自 Zeitung。

單就寫數學的教科書來說，我們也有長久的合作經驗。最早的兩部書，是（五專）《工專數學》的一到四冊，以及《普通數學教程》，現在兩者都已經絕版了。不過，我還是會偶爾聽到不甚熟悉的朋友，稱讚其中之一，那給我很大的快慰！我確信；兩者都是佳作，因為那是 Zeitung 的手筆。

我認為 Zeitung 文章寫得很好，也許不如我的朋友林正弘（臺大哲學系教授），但是比我好是不成問題的。他的長處有兩點。其一，「脾氣好」、清楚、又很親切！（這是很有趣的：其實我的脾氣比他好！但是，在寫文章時，我就不耐煩了，他卻恰好顛倒。）其二，他是「知之者」、「好之者」、「樂之者」，寫文章時，自己陶醉其中，讀者必然體會，甚或感染得到。

長久以來，我經常把找我做的工作，推他去做，我覺得有些不好意思：因為這通常是錢極少（或竟是做義工），而工作又煩。我唯一的心安理得乃是：「我知道的人當中，他最適合。」就在這樣的精神下，他在《數學傳播》與《科學月刊》都大量參與，熱心於數學的普及工作。

今天晚上我要去基隆社區大學第一次授課。幾週前，在閒聊中，我提到這件事，我說很需要適當的教材，「差不多是中學生程度的，

以數學方法論為主要著眼點。」他笑著說:「現在我正想把這些年來所寫的一些小文章集結成書,也許適合老師的意思呢!」那我就趕快催三民書局吧!

　　我不必用力推介書中文詞的清晰流暢,深入淺出;當讀者讀完本書,你一定和我一樣地要催促下一冊,再下一冊的問世。當然我們的理由不必一樣,你是純享受,我呢,是授課時,給學生的課本或最佳參考讀物!

楊維哲

1999 年 12 月 21 日

於臺大數學系

自 序

本書收集我八年多以來所寫的,刊登於《數學傳播》與《科學月刊》的一些數學通識文章,稍經增刪,適合中學生閱讀。

數學家波利亞 (G. Pólya) 對於數學教育所寫的許多書與文章,皆精彩絕倫,是我最喜愛研讀的。他強調:**先猜測再檢驗** (guess and test) 以及教學要**教人思考** (teach to think)。再加上科學哲學家波柏 (K. Popper) 的**否證論** (falsification theory) 與**知識的演化論**等美妙的觀點。這些都是我寫文章與教學所奉行的指導原則。

何謂好的文章? 有人說,首先作者必須對自己所寫的東西要有**感動**,然後又有**熱情**與**技巧**將這分感動傳達給讀者。這恰是我的夢想,本書雖不能至,但心嚮往之。

科學哲學家萊茵巴赫 (H. Reichenbach) 將科學的求知活動分成前後兩個階段:**發現的過程** (the context of discovery) 與**驗證的過程** (the context of justification)。應用到數學來,數學的求知活動是由問題出發,先有探索的發現過程,然後才有邏輯證明與整理成嚴謹的知識系統,兩個階段兼備才算完美。然而,一般數學教科書、教學、或文章,往往只展示冰冷且抽象的後半段,而忽略掉最精彩且最能啟迪思想的前半段。因此,阿倍爾 (Abel) 批評高斯 (Gauss) 說,他就像一頭狡猾的狐狸,在沙漠上,一面走一面用尾巴抹掉足跡。這是造成許多學生不喜歡數學,甚至討厭數學的主因。

為了彌補這個不足,我從中學數學選取一些有趣的論題,寫成本書,但是在處理上,我特別著重在**前半段的思路過程**,強調**數學方法論**,並且注重**歷史發展**與**人文背景**,期望能夠提供給中學生另類的選擇。

數學是人類不斷地叩問自然，跟自然對話而產生出來的。數學家追求**邏輯上可能的模式** (pattern)，尋找**數與形可能的規律**，這是一種驚心動魄的**觀念探險之旅** (the exciting adventures of ideas)。數學家樂在其中，流連忘返。

從古到今，人類的文明經歷過三波的發展：第一波是**農業革命**，第二波是**工業革命**，以及第三波是目前正在進行的**資訊革命與分子生物學革命**。對於後兩波，數學扮演了很重要的角色，例如牛頓與萊布尼茲創立微積分，幫忙促動了十七世紀的科學革命，接著是十八世紀的啟蒙運動，以及十九世紀的工業革命。誠如伽利略所說的「自然之書 (the Book of Nature) 是用**數學語言寫成的，不懂數學就讀不懂這本偉大的書**」。懷海德 (A. N. Whitehead) 也說得好：「數學是了解模式與分析模式之間的關係最有力的技術。……如果人類的文明繼續進展，今後兩千年人類思想的新奇事物都將盡是數學理解的天下。」因此，期盼中學生都把數學學好！

未來第三波的資訊文明，需要會思考，會提問題，具有創意，敢於作出開創性的決策，並且具有地球村宏觀視野的公民。如何培育這樣的公民？在社會文化和思想上，也許必須經歷一次「**新的文藝復興運動**」的洗禮；在教育上，必須**讓知識重新注入「創造性」的活水**，而不再以大量的死知識作「填鴨式」的傳承；這樣才能達到脫胎換骨的境地，進一步開創出 21 世紀更燦爛的新文明。

三民書局一向都只出版大學與專科學校的數學教科書，不曾出版過如本書的數學通識文集，本書是第一次的嘗試。因此，我衷心感謝且欣賞劉振強先生的魄力，還有他的風趣！

其次，本書在寫作的過程中，接到許多讀者與朋友的鼓勵和幫忙，讓我內心溫暖。特別地，我要感謝：臺大的陳榮銳教授，彰師大的張靜嚳教授，科學月刊的主編吳松春先生與張孟媛小姐，數學

傳播編輯呂素齡小姐，一女中的阮貞德與蘇麗敏兩位老師、楊謹榕同學，臺南市聖功女中的蕭健忠老師，師大附中的莫迪達同學，新竹女中的蔡卓凌、何宜軒、王雨荷三位同學，以及臺大數學營的可畏後生們，還有吾師楊維哲教授與吾兒弘霖的長期討論，三民書局編輯部的細心、高效率和頂真的精神。這些都直接或間接地促成了本書的形成。在這個世界上，沒有人是孤島！正如沒有知識是孤立的！然而，我深知本書的缺失與疏漏在所難免，尚祈讀者不吝批評指正。

　　最後，我要感謝吾妻陳月華，在漫長的歲月中，她所給予的容忍與支持。此中有真意，但我言有盡而意無窮，本書就獻給她。

蔡聰明

1999 年 12 月 31 日

千禧年前夕於臺大數學系

後記

一本數學書這麼快就需要再付印，這是作者始料所未及的。感謝讀者對本書的回應與指正。趁在此之際，將本書作一番訂正。

2000 年 6 月 22 日

改版說明

本書出版迄今，廣受學子喜愛，編輯部秉持精益求精、與時俱進之初衷，不惜斥資重新美化版式，內容舛誤同時一併修正，以全新面貌付梓問世，冀盼讀者不吝繼續支持與指正。

2010 年 2 月 10 日

數學的 發現趣談

contents

1

數學解惑四則

　　數學是理性文明的結晶，是一門講道理的學問。不論是教與學，都應展現從問題出發的思索、討論、說理之過程。不過，在目前的教育體制下，這些過程往往是缺乏或不足的。許多學生學習數學很快就被迫走上「背記」之途，弄壞求知的胃口，實在令人痛心。

在小學數學裡，我們可以發現這樣的問題：

零不能作為：(i) 被除數，(ii) 除數，(iii) 被乘數。

許多同學雖然都答對了，但是進一步追問「為什麼」時，得到的回答卻是：「不知道，老師只告訴我們除數不能為零。」根據調查，這種採用「背記」而不求理解的學習態度，在小學已相當普遍，實在令人憂心忡忡。

背記的後遺症會持續擴大且加重。筆者曾經教過一位數學很優秀的大一學生，她回憶中小學的數學經驗說：「從小，家長只要求數學成績好看即可，卻不重視孩子的學習興趣與方法。資質稍佳者，自然可在國小與國中應付自如。但到了高中，在質與量上突然加重許多，以致一下子不能完全吸收。在無額外精力用來花時間思考的狀況下，只好勉強背記，徒學了一些解題雜技，但在訓練**獨立思考**上毫無建樹，如此本末倒置，唯聯考是從的學習，怎能培養數學功力呢？這就像一群徒子徒孫，只和師父學了一些招式，而不知修習內功；十年下來，不過中看不中用罷了。更有甚者，連完整的系統概念都沒有，分不清拳法與劍招，每每談起數學，同學們總不勝唏噓，嗚……嗚……。」數學對許多學子而言，是內心的夢魘。

從「零不能當除數」就開始背記，分明是痛苦學習的開端，走入歧途的第一步，反應出數學教育弊病的冰山一角。

小學數學主要是學習數的四則運算 (+ − × ÷)、簡易幾何圖形的性質，以及四則的應用，例如和差問題、雞兔同籠問題等等。在四則運算中，較困擾學生的是分數、比例與負數的概念，以及下列四個問題：

1. 為什麼零不能當除數？

2. 為什麼要先算乘除後算加減？

3. 作分數的除法時，為什麼要將除數的分子與分母互換，然後再改成乘法演算？

4.為什麼負負得正?

本節我們就來解說這四個問題。

零不能當除數

1, 2, 3, … 是每個人最早熟悉的數,叫做**自然數**。對它們施展加法與乘法都不會跑出自然數之外,好像是齊天大聖落入如來佛的手掌心一樣。但是對於減法與除法就不同了,動不動就跑出界外;例如:$2 - 3 = -1$,負數出現;$9 \div 4 = 2\frac{1}{4}$,分數出現。等到有一天,零又蹦出來,更增添了許多有趣的事情,例如:$3 + 0 = 3, 7 + 0 = 7, 3 - 0 = 3$, $7 - 0 = 7$,即任何數加零或減零皆維持不變,「**加之不增,減之無傷**」。這表現零的客氣、隨和,不動人一根汗毛的一面。但是對於乘法,零就很專橫霸道、自我為中心,像黑洞吸吞一切。例如:$3 \times 0 = 0, 7 \times 0 = 0$,任何數只要被零一乘都同化為零。因此,零簡直是集「**專橫與隨和**」於一身。再看除法,零惹來了麻煩與困惑:$6 \div 0 = ?$

要解決這個問題,我們從根本出發:除法的意義是什麼?$6 \div 3 = 2$,可以解釋為 6 顆糖平分給 3 個人,每個人得到 2 顆。同理,$6 \div 0 = ?$ 的意思就是要問:6 顆糖平分給 0 個人,每個人得到幾顆?這樣似乎就遇到困難,有疑惑了。

讓我們從更寬廣的觀點來觀察四則運算。四則運算並非是孤立的,它們之間有密切關係,加法與減法,乘法與除法,必須合在一起來了解,例如:

$$3 + \boxed{4} = 7 \leftrightarrow 7 - \boxed{4} = 3$$

$$2 \times \boxed{3} = 6 \leftrightarrow 6 \div \boxed{3} = 2$$

加 4 再減 4 就是還原，乘以 3 再除以 3 也是還原。因此，加與減，乘與除是互逆的運算；如果一個是開門，另一個就是關門。它們是一體的兩面，互相制約的。

有了這種博大的觀點，回頭觀察

$$6 \div 0 = \boxed{?} \tag{1}$$

改用乘法來看就是要問

$$\boxed{?} \times 0 = 6 \tag{2}$$

顯然找不到一個數可滿足(2)式，因為任何數乘以 0 都等於 0，不會等於 6。在(2)式中，填入 $\boxed{?}$ 任何數都不成立，都會得到矛盾。相應地，(1)式中的 $\boxed{?}$ 就找不到答案。基於這個理由，我們說零不能當除數。這是「**事有必至，理有必然**」的結論。

但是 $0 \div 0$ 呢？這更詭譎。根據上述道理，用乘法來看(3)式得就是

$$\boxed{?} \times 0 = 0 \tag{3}$$

我們立即看出，任何數都可以填入(3)式中的 $\boxed{?}$。因此，我們說任何數都可以是(3)式的答案，從而說：$0 \div 0$ 是「不定數」或「任何數」。因此，0 似乎又可以當除數。不過，這僅限於分子也是 0 的情形。對於中小學生而言，我們還是說「零不能當除數」，這樣比較簡明扼要。

在微積分中，利用極限的觀念，我們可以賦予 $\frac{6}{0} = +\infty$ 或 $-\infty$（正、負無窮大），並且對於 $\frac{0}{0}$（或 0^0 或 $\frac{\infty}{\infty}$）之**不定形**，作更深入的討論。不過，這些內容並不適於介紹給中小學生。

總而言之，零像一個小精靈，既頑皮搗蛋，又和藹可親，其性格複雜多變化。

練習題

1. 指出下列論證的錯誤所在？

假設 $a = b$，兩邊同乘以 a 得 $a^2 = ab$，兩邊同減去 b^2 得

$$a^2 - b^2 = ab - b^2$$

分解因式：$(a+b)(a-b) = b(a-b)$

兩邊同除以 $(a-b)$ 得 $a+b = b$

今因為 $a = b$，所以 $2b = b$

兩邊同除以 b 得 $2 = 1$，矛盾。　　　　　　❑

先算乘除後算加減

　　在小學算術裡，碰到四則運算混合的算式，例如：$6 \times 7 + 5 - 4 \times 9 \div 3 = ?$老師或課本都會規定：先算乘除後算加減。許多學生為了應付考試，不假思索就背記下來（可能是懶惰或沒有時間或不會思考）。考試是考了 100 分，滿足了家長的虛榮心，但這代表真懂嗎？顯然答案是否定的。我們設想有另一位同學，很會思考且通理，考試不小心算錯，只得 85 分。這 85 分會比 100 分差嗎？絕不！一般而言，「背記」與「真懂」在卷面上常不易分辨，通常得利用口試加以區別。因此我們要警覺到：**分數並不代表一切!**

　　其實，背記而得高分的同學，不但不應高興，反而須嚴格加以糾正。因為背記會平白喪失跟數學靈犀交會與鍛鍊思考的絕佳機會。背記的壞習慣一旦養成，就表示懶惰思考的養成以及求知胃口的敗壞，將來在求學路上必大大不利，到了高中一定會背不完兜著走，視數學乃至求知為畏途。

一、四則混合運算

照理說，四則運算都只是兩個數之間的運算，三個數以上的運算就沒有意義，除非加括號使其變成兩個兩個地運算，例如 $(3+2)+5=5+5=10$ 或 $3+(2+5)=3+7=10$。我們發現不論是哪兩個數先合在一起算，結果都相同，這個結論很奇妙也很重要，特別稱之為**加法結合律**。因此，三數連加可以省略括號，直接寫成 $3+2+5=10$，而不致產生混淆，乘法亦然。但是四則運算混合在一起時，如上述的例子，就不明確了。它可以有各式各樣的算法，而不同的算法可能得到不同的答案。這是引起困擾之源。

1.從左算到右：

$$42+5-4\times9\div3=47-4\times9\div3$$
$$=43\times9\div3=387\div3=129$$

2.先算加減後算乘除：

$$6\times12-4\times9\div3=6\times8\times9\div3$$
$$=48\times9\div3=432\div3=144$$

3.先算乘除後算加減：

$$42+5-36\div3=42+5-12=47-12=35$$

4.加上括號：

$$6\times\{7+[(5-4)\times9]\}\div3=6\times\{7+[1\times9]\}\div3$$
$$=6\times\{7+9\}\div3=6\times16\div3=32$$
$$[6\times(7+5)]-[(4\times9)\div3]=72-12=60$$

當然還有其他不同加括號的方法，讀者可以自己嘗試。在這麼多種答案中，哪一個才是正確的呢？事實上，這不是正確與否的問題，而是**規約問題**。目前我們只能說，在一個規約下，就得到一個明確的答案。

　　到底是採用哪一種規約較方便、好用與合理呢？這就必須作進一步的考察與比較，從比較中作選擇。古人說得好：「知所異同，方窺全貌。」有的規約無所謂優劣，例如我國規定靠馬路右邊走，但是日本與英國卻規定靠左邊走，你能說哪一種較好嗎？「玫瑰當初如果不叫做玫瑰還是一樣芬芳」，不是嗎？道德規範、校規、法律等等也都是一種規約。訂規約時，首重不能違背人性與自然律，例如我們不能規定山上的落石不准掉下來（違背自由落體定律）；又如古人的「寡婦餓死事小，失節事大」，由於不合人性，也不易實行。打球與下棋的比賽規則，必須做到公平，這是人盡皆知的事。

二、計算先後順序的規約

　　我們的目標是：如何將四則混合運算所產生的多個不同答案，消除到只剩唯一的答案？

　　顯然解決之道有二：其一是加括號。通常一個涉及四則運算的算術應用題，已提供我們何者先算，何者次算，何者後算等等，因此自然有了括號，此時算得的答案當然唯一，不會曖昧不明；其二是作規約。對於一般沒有加括號的四則混合運算，書本或老師提出的規定是，先算乘除後算加減。

　　為什麼要這樣規定呢？根據什麼道理？

　　從反面來觀察，往往是一個好主意。如果不作規約會如何？這樣會無法無天、天下大亂，因此不好。剩下的是，加減與乘除何者先算的問題。如果規定先算加減後算乘除會怎樣呢？

　　我們必須比較「先算加減後算乘除」與「先算乘除後算加減」的優劣。如果兩者不分軒輊（像靠左邊走或右邊走這件事），那麼任選一個就好了；否則就要擇優棄劣。我們選擇三個角度來觀察：

1. 在**記數法**中，365 是 $3 \times 100 + 6 \times 10 + 5$ 的簡寫。12 小時又 30 分共有 $12 \times 60 \times 60 + 30 \times 60 = 45000$ 秒。這些都是採用先算乘除後算加減。

2. 在**代數學**中，出現的方程式，如 $3x + 4y = 10$，在作演算時，也是採取先算乘除後算加減。

3. 從**運算**的眼光來看，加與減較初等，是第一階的；乘與除較高等，是第二階的（將來還會有第三階的乘冪運算）。在做混合運算時，先從高階運算做起；做完後，再做低階運算，這個手順合乎自然且較方便。

結論是：**先算乘除後算加減。這是最方便的最佳選擇。**

分數的除法

在分數的四則運算中，要以除法較易引起困擾。例如：$\dfrac{4}{5} \div \dfrac{3}{7} = ?$

我們分成四種情況來思考：

1. **特例的觀察**：$\dfrac{4}{5} \div 3 = ?$

這顯然等於 $\dfrac{4}{15}$，我們可以由右圖的圖解（圖 1–1）看出來，將 $\dfrac{4}{5}$ 分成三等分，其中一等分（粗黑部分）占有全體的 $\dfrac{4}{15}$。

答案 $\dfrac{4}{15}$ 可以計算如下：

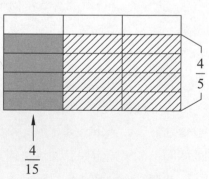

圖 1–1　分數除以整數

$$\frac{4}{5} \div 3 = \frac{4}{5} \div \frac{3}{1} = \frac{4}{5} \times \frac{1}{3} = \frac{4}{15}$$

2. 由**乘法與除法的互逆性**來觀察：

要問 $\dfrac{4}{5} \div \dfrac{3}{7} = \boxed{?}$ 就是要問 $\boxed{?} \times \dfrac{3}{7} = \dfrac{4}{5}$。這由試誤即容易得知

$$\boxed{?} = \dfrac{28}{15}$$

當然，$\dfrac{56}{30}$ 亦可。一個分數可以有許多不同的表現，例如：$\dfrac{1}{2} = \dfrac{2}{4} = \dfrac{3}{6}$ 等等。

我們也可以這樣論證：設 $\boxed{?} = \dfrac{b}{a}$，則 $\dfrac{b}{a} \times \dfrac{3}{7} = \dfrac{4}{5}$，亦即 $\dfrac{3b}{7a} = \dfrac{4}{5}$。所以 $28a = 15b$。從而

$$\boxed{?} = \dfrac{b}{a} = \dfrac{28}{15}$$

答案 $\dfrac{28}{15}$ 可以計算如下：

$$\dfrac{4}{5} \div \dfrac{3}{7} = \dfrac{4}{5} \times \dfrac{7}{3} = \dfrac{28}{15} \tag{4}$$

3. 將**除法的意義**加以圖解：

$\dfrac{4}{5} \div \dfrac{3}{7}$ 就是用 $\dfrac{3}{7}$ 去度量 $\dfrac{4}{5}$，看看 $\dfrac{4}{5}$ 含有多少個 $\dfrac{3}{7}$。如圖 1–2，將長方形分成 35 等分，$\dfrac{4}{5}$ 占有 28 等分，$\dfrac{3}{7}$ 占有 15 等分，故 $\dfrac{4}{5} \div \dfrac{3}{7}$ $= \dfrac{28}{15}$，其計算如(4)式所述。

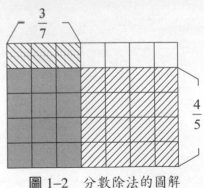

圖 1–2　分數除法的圖解

4. 由**分數的意義**來觀察：

$\dfrac{4}{5}$ 有許多層意思，它表示：五等分中占有四等分，或 0.8，或 $4 \div 5$，

或 80%，或 4:5，或 $\frac{8}{10}$，或 $\frac{12}{15}$，等等。所以

$$\frac{4}{5} \div \frac{3}{7} = \frac{28}{35} \div \frac{15}{35} = 28 \div 15 = \frac{28}{15}$$

其計算也可以由(4)式來實現。

上述論證，對於一般分數都行得通，故我們**歸納**出分數除法的演算規則如下：

$$\frac{b}{a} \div \frac{d}{c} = \frac{b}{a} \times \frac{c}{d} = \frac{bc}{ad} \tag{5}$$

其中 a, b, c, d 都是整數。

我們注意到：(5)式應用到整數之特殊情形，就是我們所熟悉的整數之除法，例如：

$$6 \div 3 = \frac{6}{1} \div \frac{3}{1} = \frac{6}{1} \times \frac{1}{3} = \frac{6}{3} = 2$$

因此，(5)式的分數除法規則就是整數除法的推廣。

練習題

2.思考分數的乘法為什麼要定義成 $\frac{b}{a} \times \frac{d}{c} = \frac{b \times d}{a \times c} = ?$

負負得正

$(-3) \times (-2) = 6$，為什麼呢？

我們從幾個角度來觀察，由直觀了解伸展到嚴密論證。對一件事情的認識與了解，從淺易到深入，有許多層次。

首先，負數有負債、否定、低於 0 度（或海平面）等意味。因此，負乘負表示雙重否定，於是得到正。

　　我們看數學大師歐拉（Euler，西元 1707～1783 年）的說法：讓我們考慮 -3 乘以 $+2$。因為 -3 可以看作是負債，顯然負債的 2 倍必是原負債的二倍大，所以乘積是 -6。推而廣之，$-a$ 乘以 b 等於 $-ab$ 或 $-ba$。接著考慮兩負數 $-a$ 與 $-b$ 的相乘。因為 $-a$ 乘以 $-b$ 跟 $-a$ 乘以 b 不同，即不能等於 $-ab$，因此，它必等於 $+ab$。

　　其次，讓我們作一些觀察：

$$(-3) \times 3 = -9$$
$$(-3) \times 2 = -6$$
$$(-3) \times 1 = -3$$
$$(-3) \times 0 = 0$$
$$(-3) \times (-1) = ?$$
$$(-3) \times (-2) = ?$$

由此發現

$$-9, \ -6, \ -3, \ 0, \cdots$$

是一個**等差數列**，逐次加 3。因此，我們很自然地猜測

$$(-3) \times (-1) = 3 \qquad (-3) \times (-2) = 6$$

這只是一種**猜測式的推理** (plausible reasoning)。

　　我們可以這樣解釋：如果溫度每天降三度（即 -3），今天是 0 度，那麼兩天前（即 -2 天）是六度，亦即 $(-3) \times (-2) = 6$。

　　接著，我們採用全局眼光來觀察 $(-3) \times (-2)$。它不是孤立的，而是作為數系的運算中的一分子，「人在江湖身不由己」，它由整個數系及其運算律所決定。

　　關於數系的運算律，我們只舉出下面四條：

1. 對於任意實數 a，恆存在**唯一的加法反元素**，記為 $-a$，使得
$a + (-a) = 0$

2. $a(b+c)=ab+ac$ 　　　　　　（分配律）

3. $a+b=b+a, a \cdot b = b \cdot a$ 　　　（交換律）

4. $a \cdot 0 = 0$ 　　　　　　　　　（零的特性）

如果我們接受這四條運算律，那麼就有「負負得正」的結果。

定理：

　　設 a 與 b 為任意兩實數，則

　　(i)　$-(-a)=a$

　　(ii)　$a \cdot (-b) = (-a) \cdot b = -(a \cdot b)$

　　(iii)　$(-a) \cdot (-b) = a \cdot b$

證明：

(i)　因為 $a+(-a)=0$，對於所有實數 a 皆成立，故將 a 換成 $(-a)$ 亦成立，即

$$(-a)+[-(-a)]=0$$

於是

$$(-a)+a=0=(-a)+[-(-a)]$$

換言之，a 與 $-(-a)$ 都是 $(-a)$ 的加法反元素，而加法反元素是唯一的，故 $a=-(-a)$。

(ii)　因為 $b+(-b)=0$，故

$$a \cdot [b+(-b)] = a \cdot 0 = 0$$

由分配律知

$$a \cdot [b+(-b)] = a \cdot b + a \cdot (-b) = 0$$

故 $a \cdot (-b)$ 是 $a \cdot b$ 的加法反元素。由反元素之唯一性知

$$a \cdot (-b) = -(a \cdot b)$$

同理，由 $[a+(-a)] \cdot b = a \cdot b + (-a) \cdot b = 0$ 得知

$$(-a) \cdot b = -(a \cdot b)$$

(iii) 由第 (i) 項與第 (ii) 項知

$$(-a)\cdot(-b) = -[a\cdot(-b)] = -[-(a\cdot b)] = a\cdot b$$

至此,「負負得正」的規律完全確立。Q.E.D.

至於數系運算律為何成立的問題,追究下去會來到自然數系的定義及其基本性質,這就需要另文才能談清楚。

正確的學習之道

在邁向多元化、民主化的社會,須培養學生講理的習慣與能力。因此,**思考、論證**與**發現**等過程,才是教育的重心。數學是一門講道理的學問,許多小學生竟然就開始以「背記」的方式來應付數學。學習數學只得到苦,而嚐不到樂,這是誰之過呢?

筆者曾遇過一位喜歡問「**為什麼**」的學生,他述說在國小學到分數的除法時,問老師為什麼除數的分子與分母要互換並且改為乘法演算,老師回答說:「這是規定,你就把它背起來。」從此,他開始討厭數學,漸漸提不起興趣來學數學。他討厭「知其然而不知其所以然」的事物。這是多麼令人惋惜啊!

讓我們引述《史記》〈項羽本紀〉的一段記載:項羽年少時,讀書讀不好,練劍也練不成。他的叔父項梁很生氣,把他叫過來痛斥一番。不過項羽卻回說:「念書,只不過是在背記一些人物的姓名;練劍,一次只能對付一個人,沒有什麼好練的;要學嘛,就學一次可以對付好幾萬人的『萬人敵』。」於是項梁轉怒為喜,開始教他兵法。

數學的發展大致是由實際的問題出發,產生出解決問題的概念與方法,經過許多層次的精煉與抽象化,成為一種「萬人敵」。它除了本

身有趣之外，更是解讀「自然之書」(the Book of Nature) 之利器。它是理性文明的結晶，絕不是「背記」之學。循著先求理解，然後自然地記住，才是正確的學習數學之道吧。

練習題

3. 循環小數 $0.\overline{9}$ 等於 1 或小於 1? 為什麼?

4. $-1:1 = 1:-1$，小比大等於大比小，有無矛盾?

☕ Tea Time

伏爾泰 (Voltaire)：如果我們不用數學的「圓規」與經驗的「火炬」，那麼我們確實是寸步難行。

2

魔方陣問題

> He who seeks for methods without having a definite problem in mind seeks for the most part in vain. （若沒有具體問題在心中，就去探求方法，多數情況會落空。）
>
> ——D. Hilbert——

在中小學階段，若能就一個有趣的問題，自己去探尋，發現規律，嚐到數學發現的樂趣，那就是很幸運的了。我們期望數學教育應該儘早提供學生獲得這種美好的經驗。

魔方陣問題是中小學生鍛鍊思考的一個好題材，難易適中，而又富於**方法論**的妙趣。小學生有小學生的作法，中學生又有中學生的解法，各展思路，各顯所能。

筆者曾經觀察過幾位小學生的解法，本文就把這個經驗提供給讀者作參考，從**試誤法**到**系統地觀察**以找尋規律都有。我們順便要介紹更具威力的**代數想法**。

❷ 三階魔方陣問題：

如圖 2–1 所示，將 1, 2, 3, …, 8, 9 填入下列方格之中，每一格填一個數字，不許重複，使得橫列（三列）、直行（三行）與對角線（兩條）上三個數字之和都是 15。

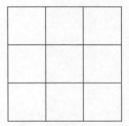

圖 2–1　魔方陣

觀察、試誤與找尋規律

根據筆者對小學生的觀察，歸結起來，不外是下列四種作法：

一、試誤法

這是絕大多數學生所採用的方法，一試再試，錯了就改，直到找著正確的答案，這要很有耐性。筆者發現有些學生試了一陣子，做不

出來就宣布放棄。當然也有人鍥而不捨,最後終於做出來,例如圖 2-2。

經過一番辛苦,做出來後,臉上浮現出欣喜,非常可愛。

程度好一點的學生,不願意停留在盲目試

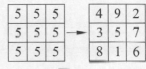

圖 2-2

誤的階段,因而提出了下面較進步的作法。

二、平分再調整法

先計算

$$1+2+3+4+5+6+7+8+9=45$$

而且會利用

$$1+9=2+8=3+7=4+6=10$$

之速算。將 45 平分給每一格

$$45 \div 9 = 5$$

再對周圍的八個數字按行、列或對角一加一

減作調整,如圖 2-3 所示。

圖 2-3

三、觀察法

1, 2, 3, 4, 5, 6, 7, 8, 9

和為 15 的三個數字,全部有哪些呢? 首先觀察到

$$1+5+9=15 \qquad 3+5+7=15$$

$$2+5+8=15 \qquad 4+5+6=15$$

於是就直覺地猜測到 5 應置於「天元」位置 (即中心方格)。另一方面

又觀察到

$1+6+8=15$　　$2+6+7=15$

$2+4+9=15$　　$3+4+8=15$

再試填一下空格，很快就找到答案。

四、找尋規律

上述八個和式正好是和為 15 的所有式子，分別對應魔方陣的三個橫列，三個縱行以及兩條對角線，其中天元方格交會 4 次，四個角落的方格交會 3 次，四邊的中間方格交會 2 次。

進一步點算一下八個和式中所出現的數字之次數，參見表 2–1。

表 2–1

數　　字	5	1, 3, 7, 9	2, 4, 6, 8
出現次數	4	2	3

因此，天元方格必為 5，四個角落的方格只能填入偶數 2, 4, 6, 8，其餘的 1, 3, 7, 9 只能填入四邊中間的方格。有了這些觀察所得的規律，就很容易解決魔方陣問題，並且可以求得所有的解答：

	5	

圖 2–4

1. 第一步：天元方格填入 5，如圖 2–4 所示。
2. 第二步：偶數對 2, 8 或 4, 6 填入對角方格，如圖 2–5 所示。

2		
	5	
		8

8		
	5	
		2

4		
	5	
		6

6		
	5	
		4

圖 2–5

3. 第三步：將剩餘的兩個偶數填入另一對角方格，再將 1, 3, 7, 9 填入所剩的方格中，此時已沒有選擇的餘地，如圖 2–6 所示。

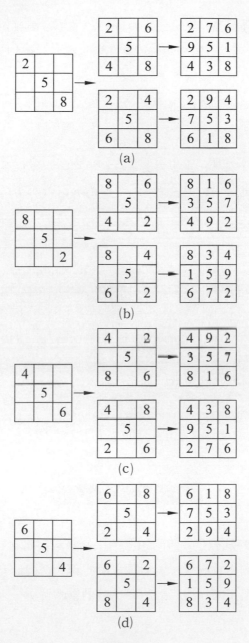

圖 2–6

　　總共有八種解答。事實上，由任何一個解答出發，經過（順或逆時鐘）旋轉 90° 或以對角線為軸旋轉 180°，就可以得到其他七個解答。因此，基本上只有一種解答。

　　宋朝的楊輝在《**續古摘奇算經**》（西元 1275 年）中，給出上述第五種答案的作法：

> 九子斜排，上下對易；左右相更，四維挺進；
> 戴九履一，左三右七；二四為肩，六八為足。

圖解如圖 2–7 所示：

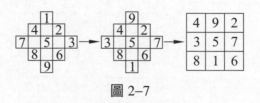

圖 2–7

順便我們也注意到下列有趣的性質：

$$4^2 + 9^2 + 2^2 = 8^2 + 1^2 + 6^2 = 101$$
$$4^2 + 3^2 + 8^2 = 2^2 + 7^2 + 6^2 = 89$$

代數方法

　　所謂**代數方法**就是，將問題中的未知數設定為 x 或 y，再按題意（或物之理）列出方程式，最後是求解方程式。這個方法既是探求未知的妙方，也是用來作證明的利器。我們舉兩個例子來說明。

例 1：

（古印度的一個數學問題）

有一群蜜蜂，其一半的平方根飛到茉莉花園中採蜜。另外，有一隻雌蜂被蓮花的香味引誘，在某個月夜進入花中，至今仍被困在其中，引得一隻雄蜂徘徊在蓮花的周圍悲傷地低泣。留下的蜜蜂是全體的 $\frac{8}{9}$。問蜜蜂一共有幾隻？

解：設蜜蜂有 $2x^2$ 隻，則由題意知

$$2x^2 = x + \frac{8}{9} \cdot 2x^2 + 2$$

經由化簡得到

$$2x^2 - 9x - 18 = 0$$

因式分解

$$(x - 6)(2x + 3) = 0$$

解得 $x = 6$ 或 $-\frac{3}{2}$。負數不合，故 $x = 6$。從而

$$2x^2 = 72$$

例 2：

古希臘哲學家蘇格拉底 (Socrates) 觀察到

$$0 \times 0 = 0 + 0, \, 2 \times 2 = 2 + 2$$

覺得很奇妙。問還有沒有其它數具有這種性質？

解：假設有的話，令其為 x，則

$$x^2 = 2x$$

解得

$$x = 0 \text{ 或 } 2$$

因此，我們證明了只有 0 與 2 具有「自乘等於自加」的性質。

 練習題

1. 我們觀察到 1, 2, 3 具有

$$1 \times 2 \times 3 = 1 + 2 + 3$$

的性質，問還有沒有其他三個連續整數具有這種性質？ ❑

代數方法的應用

從盲目的試誤到系統地找規律，這還不夠，我們希望用既有的數學方法從策略上求得全盤的解決。

下面我們就利用代數方法來解決三階魔方陣問題。我們要問：

1. 天元方格要填哪一個數？
2. 三階魔方陣一共有幾種解法？

　　這些解法有何關係？
3. 如何隨時解出三階魔方陣問題？

x_1	x_2	x_3
x_4	x_5	x_6
x_7	x_8	x_9

圖 2-8

假設魔方陣填空如圖 2-8 所示，則

$$x_1 + x_2 + \cdots + x_8 + x_9 = 45 \tag{1}$$

$$x_4 + x_5 + x_6 = 15 \tag{2}$$

$$x_2 + x_5 + x_8 = 15 \tag{3}$$

$$x_1 + x_5 + x_9 = 15 \tag{4}$$

$$x_3 + x_5 + x_7 = 15 \tag{5}$$

(2)+(3)+(4)+(5)−(1)得到

$$3x_5 = 60 - 45 = 15 \qquad \therefore x_5 = 5$$

因此，天元必為 5。

如何完成全部的填空呢? 這不外是如圖 2–9的填法。其中 $a, b = \pm 1, \pm 2, \pm 3, \pm 4$，並且滿足下列條件:

$5+a$	$5-a-b$	$5+b$
$5-a+b$	5	$5+a-b$
$5-b$	$5+a+b$	$5-a$

圖 2–9

(i)　$a \neq b$。

(ii) $2a \neq \pm b, 2b \neq \pm a$。

(iii)$-4 \leq a + b \leq 4, -4 \leq a - b \leq 4$。

(iv) $a + b \neq 0$。

(v)　a 與 b 皆為奇數。

為什麼會有 (v) 的條件呢?因為只有 a, b 皆為奇數時，魔方陣四周的八個數才會是四個偶數與四個奇數。

由 (v) 也得知，四個角落的方格必為偶數。

上述條件合起來，使得 (a, b) 只有下列八種情形:

$(-3, -1), (-3, 1), (-1, 3), (1, 3), (-1, -3), (1, -3), (3, -1), (3, 1)$

代入圖 2–9 中，就得到相應的八種解答。

至此，我們所提的三個問題完全解決。

類推、推廣與特殊化

一般而言，n 階魔方陣問題就是要將 $1, 2, 3, \cdots, n^2$ 填入 $n \times n$ 方陣之中，使得每一行、列、對角線之和皆相等。這個共同值叫做魔方和 (the magic sum)，記成 S_n，則

$$nS_n = \sum_{k=1}^{n^2} k = \frac{1}{2}n^2(n^2 + 1)$$

於是

$$S_n = \frac{1}{2}n(n^2 + 1)$$

例如 $S_2 = 5$，$S_3 = 15$，$S_4 = 34$，等等。

　　考慮特殊情形，我們很容易證明：不存在二階魔方陣。這就當作讀者的習題。

　　至於四階以上的魔方陣如何填空的問題，當然更複雜，我們不預備介紹，有興趣的讀者可自行研究或參考本書後面所列的資料 [2]。

　　另外，我們也觀察到三階魔方陣的天元數字等於其周圍四個數的平均值。這樣的性質在高等數學中非常重要，屬於高等數學的調和函數 (harmonic function) 的論題。下面我們作一個頭腦的體操。

練習題

2. 在無窮的棋盤上，每一格皆放置一個自然數，可重複，使得每一個數皆等於其周圍四個數的平均值。試證所有的數都相等。　　　□

歷史回顧與檢討

　　在傳說中，伏羲氏時代，黃河出現一匹龍馬，背上有一幅圖，叫做「河圖」，如圖 2–10。

　　另外，在大禹治水時代，洛水也出現一隻大烏龜，背上刻著如圖 2–11所示，叫做「洛書」。

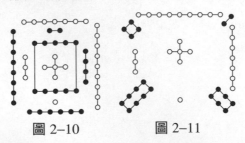

圖 2–10　　　　　圖 2–11

後來，到了宋朝朱熹的手上，將兩個圖的名稱對調，圖 2–10 叫做「洛書」，圖 2–11 叫做「河圖」。

河圖是歷史上最早出現的三階魔方陣，在十五世紀時傳入西方，變成益智遊戲與組合學的一個論題。

孔子曾說：「河出圖，洛出書，聖人則之。」後人更把它們當作是「天人妙契之精微」，「吾道一以貫之」的形上法則，「治國平天下」的大道理，以及「數學的發源地」。這已是走入神祕主義的道路，到達「走火入魔」的境地。事實上，「河圖」、「洛書」只是簡易的算術而已。

在西方，畢氏學派主張「**萬有皆整數**」(All is whole numbers)，提倡「數學教」，這也是一種「數的神祕主義」。但是，西方卻由此走到，用數學來研究大自然，並且相信「**自然之書是用數學語言來書寫**」（伽利略之語）的道路。**採用自然原因來解釋自然**，並且結合**實驗**、**邏輯**與**數學**來研究自然，匯聚發展成為科學文明的主流。這能不讓我們反省與警惕嗎？

☕ Tea Time

　　伽利略 (Galileo) 首創假說演釋法 (Hypothetico-Deductive Method)，發現自由落體定律 $S = \frac{1}{2}gt^2$，並且利用斜面的實驗加以證實。為了向他致敬，有人稱讚說：Science came down from Heaven to Earth on the inclined plane of Galileo.（科學沿著伽利略的斜面從天上滑向人間。）

$\Gamma\gamma$ gamma

3

對國中學生
解題的觀察

　　解題的思考活動，非常複雜且多
變化，心理學家、數學家、認知科學
家、科學哲學家都有興趣研究，不過
至今尚未完全明朗。本節只是一個初
步的觀察，以管窺天。

在臺灣各地區，文復會每年主辦國中組數學競試，以發掘與獎勵優秀的數學人才，這個競試分成三個階段來進行：第一、二階段是筆試，約取 30 名左右的優秀者，再參加第三階段的口試。

筆者參與 83 學年度中部地區的口試，有機會觀察到國中三年級學生的臨場思考與解題過程，特地把經驗寫下來，以供讀者參考。順便對數學教育也作了一點「期盼」。

分析、綜合與歸謬法

❓ **問題 1：**

設 a_1, a_2, a_3 為三個整數，將此三數任意排列而得 b_1, b_2, b_3，問 $A = (a_1 - b_1)(a_2 - b_2)(a_3 - b_3)$ 是奇數或偶數？並且證明之。

首先是了解題意。大多數學生都能明白題目的意思，只有少數學生問：什麼是「任意排列」？稍作解釋就知道。

思索一下，時間有長有短（反應快慢有別），接著就開始答題。有少數幾位同學作不出來，可能是沒有上講臺答題的經驗，臨場緊張。在答對者當中，有人口齒與表達都非常清晰，思路流暢；有人則含混不明，甚至需要提示的幫忙。

對於 A 是奇或偶的判斷，大家都會將 a_1, a_2, a_3 代入特定數，再任意排列一下，算得 A 是偶數，從而猜測 A 為偶數。

接著是證明。有的同學誤以為試幾個特例就完成證明了。經過提示說，驗證幾個特例，不算證明。有的同學要再試另一組特例，我們再指出：這是試不完的，因為有無窮多組的三個整數。有人展開 $(a_1 - b_1)(a_2 - b_2)(a_3 - b_3)$，更有人列出 a_1, a_2, a_3 的六種排列，都不得

要領。解題真如老鼠走迷宮。於是我們又提示：在特例的驗算中，用到整數的什麼性質？

經過一番思索，大多數同學都能很快地看出，整個問題的關鍵在於三個整數 a_1, a_2, a_3 的奇、偶性。在答對的同學中，歸結起來有下列四種作法。一題多解，可以開闊眼界，磨練思考。

1. 第一種作法是分成各種情況討論：

(i)　三個數都是偶數：此時 b_1, b_2, b_3 也都是偶數。因為偶數減偶數仍然是偶數，所以 $(a_1 - b_1), (a_2 - b_2)$ 與 $(a_3 - b_3)$ 都是偶數。又因為偶數乘以偶數還是偶數，故 $A = (a_1 - b_1)(a_2 - b_2)(a_3 - b_3)$ 為偶數。

(ii)　三個數都是奇數：此時 b_1, b_2, b_3 也都是奇數。因為奇數減奇數是偶數，所以仿上述可知 A 為偶數。

(iii) 兩偶一奇：經過任意排列，b_1, b_2, b_3 仍然是兩偶一奇，跟 a_1, a_2, a_3 配對相減，在 $(a_1 - b_1), (a_2 - b_2)$ 與 $(a_3 - b_3)$ 之中，至少會出現一個（偶數－偶數）＝偶數，因此 A 必為偶數。

(iv) 一偶兩奇：在 $(a_1 - b_1), (a_2 - b_2)$ 與 $(a_3 - b_3)$ 之中，至少會出現一個（奇數－奇數）＝偶數，因此 A 仍為偶數。

在上述作法中，學生可能犯的毛病是：對於 (iii) 或 (iv) 的情形，有人去討論 a_1 為奇，a_2 為偶，a_3 為偶，這就陷入較麻煩的境地。也有人對上述四種情況沒有討論完全，例如缺少 (iv)；在數學的論證中，將一個複雜狀況分成幾個情形，必須窮盡所有可能才行，這叫**窮舉法**。

2. 第二種作法是**先分析再綜合**：

先作分析，即倒行逆施：欲 A 為偶數，只要三個因數 $(a_1 - b_1)$, $(a_2 - b_2), (a_3 - b_3)$ 之中，至少有一個為偶數就好了。兩個整數相減要

為偶數，必須是「奇數減奇數」或「偶數減偶數」之形，所以只需證明兩者之一必發生即可。

接著是綜合。因為整數非奇即偶，而三個整數 a_1, a_2, a_3 只能是上述四種情況，仿上述的論證，就完成證明了。

3.第三種作法是採用鴿洞原理：

三隻鴿子進入兩個洞，則至少會有兩隻進入同一個洞（或三人同行必有同性），這叫做**鴿洞原理 (pigeon hole principle)**。下面有一位同學的簡潔漂亮的證明（可圈可點）：

三個整數最少會有兩奇或兩偶，任意排列後仍然不變，對應數相減必會出現「奇減奇」或「偶減偶」，兩者皆為偶數，所以 A 為偶數。

4.第四種作法是採用**反證法**或**歸謬法：**

假設 $A = (a_1 - b_1)(a_2 - b_2)(a_3 - b_3)$ 為奇數，則 $(a_1 - b_1), (a_2 - b_2)$ 與 $(a_3 - b_3)$ 三個數都是奇數。顯然

$$(a_1 - b_1) + (a_2 - b_2) + (a_3 - b_3) = 0$$

另一方面，三個奇數相加必不為 0，這就得到矛盾。因此，A 為偶數。

另外一位同學這樣論證：$a_1 - b_1, a_2 - b_2, a_3 - b_3$ 皆為奇數，則三者必然都是「奇數減偶數」或「偶數減奇數」之情形，換言之，在 a_1, a_2, a_3 三數中，奇數與偶數的個數必須相等，這是不可能的。

此題有兩位同學採用「**歸謬法**」，國中生就會使用這個「精緻的武器」(fine weapon, Hardy 之語)，筆者給予最高的評價。

❓ 推廣的問題：

把問題 1 中的三個整數改成 n 個整數會如何呢？請加以討論。

學數學要培養對於數的敏感，正如學音樂要有好的音感一樣。

練習題

1. 試證 131123111 不是質數。

2. 試證 $abcabc$ 之形的六位數必可被 7, 11, 13 整除。

3. 當 n 為任意整數時，試證 $n^5 - 5n^3 + 4n$ 可被 120 整除。

4. 探求一個自然數可被 11 整除的條件。

5. 證明 $\sqrt{2}$ 為無理數。

幾何分析與尺規作圖

❓ 問題 2：

考慮下面兩個圖形

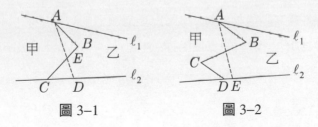

圖 3–1　　　　　圖 3–2

(i) 在圖 3–1 中，假設甲、乙兩人的土地以折線 $\overline{AB}$ 與 $\overline{BC}$ 為界線，問如何過 A 點作一直線段 $\overline{AD}$，重劃土地，使得兩方都不吃虧？

(ii) 在圖 3–2 中，假設甲、乙兩人的土地以折線 $\overline{AB}, \overline{BC}$ 與 $\overline{CD}$ 為界線，問如何過 A 點作一直線段 $\overline{AE}$，重劃土地，使得兩方都不吃虧？

　　第一小題有三分之一的同學做不出來。做對的人，其作法也相當單純。

1.先作分析：在圖 3–1 中，假設 $\overline{AD}$ 為所求，令 $\overline{AD}$ 與 $\overline{BC}$ 交於 E 點，則必須 △ABE 等於 △CDE，從而 △ACB 等於 △ACD，兩者等底，故也等高，從而 $\overline{AC}/\!/\overline{BD}$。

再作圖：連結 $\overline{AC}$，過 B 點作 $\overline{BD}/\!/\overline{AC}$，並且交 ℓ_2 於 D 點，再連結 $\overline{AD}$，則 $\overline{AD}$ 即為所求。

　　至於第二小題，只有五分之一的同學做出來，並且有的還需要給予提示。

2.先作分析：如果能夠將問題改成第一小題的形式，就解決了。如圖 3–2 所示，這只需先重劃 $\overline{BC}$ 與 $\overline{CD}$ 的界線。

再作圖：如圖 3–3，連結 $\overline{BD}$，過 C 點作 $\overline{CF}/\!/\overline{BD}$，並且交 ℓ_2 於 F 點。連結 $\overline{BF}$，則 $\overline{AB}$ 與 $\overline{BF}$ 就可取代原來的界線 $\overline{AB}, \overline{BC}$ 與 $\overline{CD}$。再仿第一小題的辦法，連結 $\overline{AF}$，過 B 點作 $\overline{BE}/\!/\overline{AF}$，並且交 ℓ_2 於 E 點，連結 $\overline{AE}$，則 $\overline{AE}$ 即為所求。

　　其實在第二階段的筆試中，已出現過類似的作圖題：在圖 3–4 中，設 P 為 △ABC 一邊上的一個點，試過 P 點作一直線將 △ABC 的面積等分。

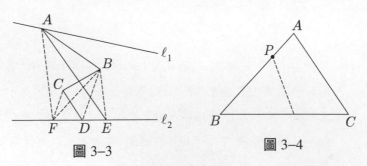

圖 3–3　　　　　　　　　　圖 3–4

　　我們發現這一題不會的同學，問題 2 也不會。可見筆試之後，同學對於不會做的問題也不再重做，這實在很可惜。這反映不會（或不重視）反省與檢討的現象。

　　事實上，考試過後，將考題重新思考與學習是最佳的學習機會，但大多數同學都不去把握，平白損失掉。

　　問題 2 這一類的題型，有很古老的歷史淵源。最早是幾何三大難題之一的「方圓問題」，即給一個圓，求作一個正方形，使其面積等於圓的面積。（德國數學家 Lindemann，在 1882 年利用代數方法首次證明方圓問題無解）

　　古希臘人面對這個難題，他們改問較簡單的問題：給一個多邊形，求作一個正方形，使兩者的面積相等。他們發現 n 邊形可以化成等面積的 $n-1$ 邊形，逐步作下去，可以化成三角形，三角形又可化成長方形，最後長方形可以化成正方形。

　　在這一系列的作圖中，只需講兩個就夠了。

例 1：

　　將一個四邊形化成等面積的三角形。

作圖：如圖 3–5 所示，連結 $\overline{AC}$，過 D 點作一直線平行於 $\overline{AC}$，並且交 $\overline{BC}$ 的延長線於 E 點，連結 $\overline{AE}$，則 $\triangle ABE$ 即為所求。

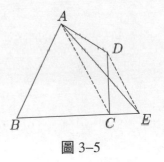

圖 3–5

例 2：

　　將一個長方形化成等面積的正方形。

作圖：在一直線上取 $\overline{AB} = a$，$\overline{BC} = b$，參見圖 3–6。以 $\overline{AC}$ 為直徑作一半圓，過 B 點作一直線，垂直於 $\overline{AC}$ 並且交半圓於 D 點，以 $\overline{BD}$ 為一邊作一個正方形 $BDEF$，則 $BDEF$ 即為所求。

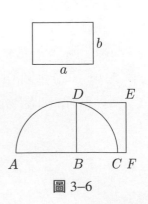

圖 3–6

 **練習題**

6.設 *ABCD* 為一個四邊形，試在底邊 $\overline{BC}$ 上作

一點 *P*，使得 $\angle BAP = \angle PDC$。

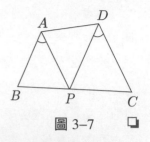

圖 3–7

　　另一個方向就是希波克拉底（Hippocrates，約西元前 440 年）的化月牙形為等面積之正方形。

 **練習題**

7.設 $\triangle ABC$ 為直角三角形，在三邊上作半圓，

參見圖 3–8。試證兩個月牙形（即陰影部分）

的面積和等於 $\triangle ABC$ 的面積。

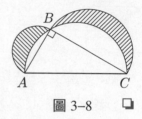

圖 3–8

　　因為直角三角形可以化成正方形，所以兩個月牙形之和也可以化成正方形。

　　在歷史上，曾經利用下述的論證，誤以為解決了「方圓問題」：

　　假設圖 3–9 是給定的一個圓，以 $\overline{AB}$ 為半徑另作一個大圓，見圖 3–10。再作大圓的內接正六邊形，並且在每一邊作一個半圓，得到六個月牙形，即陰影部分。

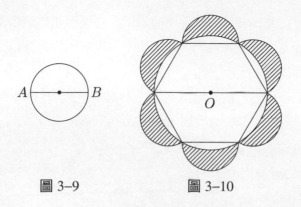

圖 3-9　　　　　　　　圖 3-10

✎ **練習題**

8. 試證 $\overline{AB}$ 上的圓之面積等於正六邊形的面積減去六個月牙形之面積。今因正六邊形與月牙形都可化成正方形，故圓也可化成正方形。請指出這個論證的錯誤所在。　　　　　　　　　　　　❑

以簡御繁與對稱性

❓ **問題 3:**

在坐標平面上，試作下列方程式的圖形：

(i) $y = |x|$

(ii) $|y| = |x|$

(iii) $y = |x - 1| + |x|$

(iv) $|y| = |x - 1| + |x|$

大多數同學都以描點法來做，但是犯錯的同學相當多，最主要的

錯誤是描成拋物線或其它不正確的圖形。他們不知道這些圖形都是直線形。由此題可看出，他們所學的都是零碎的，沒有連貫，更沒有提煉成有用的觀點。

　　只有很少數幾位同學做得不錯，會按部就班，並且善用**對稱性的想法**。作法如下：

1. $y = x$ 的圖形：（圖 3–11）

2. $y = |x|$ 的圖形：（圖 3–12）

　　絕對值符號加在 x 上，表示將圖 3–11 在 x 軸下方的圖形鏡射到 x 軸的上方。

3. $|y| = |x|$ 的圖形：

　　絕對值符號加在 y 上，表示圖形對稱於 x 軸，即圖 3–12 對 x 軸作**鏡射**，得到圖 3–13。

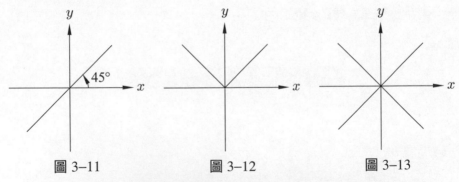

圖 3–11　　　　　　　　圖 3–12　　　　　　　　圖 3–13

4. $y = |x - 1| + |x|$ 的圖形：（圖 3–14）

　　首先去掉絕對值符號，這分成三種情形來討論：

(i) 當 $x \geq 1$ 時，原式變成 $y = x - 1 + x = 2x - 1$。

(ii) 當 $0 \leq x < 1$ 時，原式變成 $y = -x + 1 + x = 1$。

(iii) 當 $x < 0$ 時，原式變成 $y = -x + 1 - x = -2x + 1$。

分段作圖如圖 3–14。

5. $|y| = |x-1| + |x|$ 的圖形：（圖 3–15）

　　因為圖形對稱於 x 軸，將圖 3–13 對 x 軸鏡射即得。

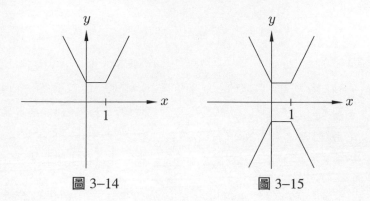

圖 3–14　　　　　　　　圖 3–15

　　事實上，國中數學的一次、二次方程式（或函數）作圖，都可以採用原子論的「**以簡御繁**」辦法，配合「**運算作圖**」，就可以輕易地作出來。

　　基本上，我們只要會作出最簡單的「**原子**」方程式：

$$y = x, \quad y = a \text{（常數）}, \quad y = x^2$$

的圖形，再利用**平移、對稱、鏡射、旋轉、伸縮**以及兩個圖形之相加作圖，那麼其它所有的一次、二次方程式的圖形，包括加絕對值的，都可以逐步作出來。

練習題

9. 作函數圖形：　(i)　$y = x^2 + 5$

　　　　　　　　(ii)　$y = 2x^2 - 3$

　　　　　　　　(iii)　$y = x^2 + x - 1$

圖像式與邏輯式的思考

❓問題 4：

　　五對夫婦聚會，認識的人就互相握手，不認識的人不握手。同一對
　　夫婦之間也不握手，並且夫與妻所認識的人可能不同。今有某位甲
　　先生，好奇地問其他 9 個人各握幾次手，結果每個人的答案都不同，
　　分別是 0, 1, 2, 3, 4, 5, 6, 7, 8 次都有，問甲先生的太太握幾次手？

　　絕大多數同學面對這個問題，都不知從何下手，或只是在大腦中
作沒有結果的空想。我們提示畫個圖來幫忙思考，並且把握手的兩人
用線連起來。最後，總共有三位同學做出來，作法如下：

　　將每個人用一個小圓圈代表，除了甲之外，每個圓圈都標上握手
的次數。首先考慮握 8 次這個人的握法，如圖 3–16 所示。所以⑧與⓪
必是夫婦，並且⑧，①，⓪已完成所有的握手。

　　其次，考慮握 7 次這個人的握法，如圖 3–17 所示。所以⑦與①必
是夫婦，並且②又完成所有的握手。

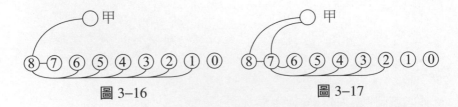

圖 3–16　　　　　　　　　　　　　　圖 3–17

　　再考慮握 6 次這個人的握法，如圖 3–18 所示。所以⑥與②必是夫
婦，並且③又完成所有的握手。

　　最後考慮握 5 次這個人的握法，如圖 3–19 所示。所以⑤與③，甲與④都是夫婦，並且甲和其太太都各握 4 次手。

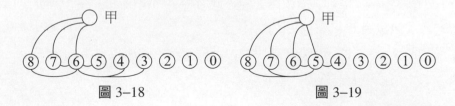

圖 3–18　　　　　　　　　　　　　　圖 3–19

　　圖解加上系統地點算，就不難解出此題。如果將五對夫婦改為一般 n 對的話，也易知甲的太太握了 $n-1$ 次的手。

　　一般而言，數學的思考可分成**圖像式**與**邏輯式**兩種方式，有些人偏向其一，大多數人則兩種兼用。問題 4 也可以採用比較邏輯式的辦法來求解，下面我們提出兩種解法：

1. 福爾摩斯 (Sherlock Holmes) 原理：

　　將所有的可能列出來，然後逐一消去不可能，最後剩下一個，不論是多麼不可能，必是唯一的答案。

　　已知甲太太握手的可能次數是 0, 1, 2, …, 8 次，假設甲太太握手 8 次，則易知 9 人中沒有握 0 次的，而得到矛盾。同理，如果甲太太握手 7 次，6 次，5 次，亦可得矛盾，並且知道⑧與⓪，⑦與①，⑤與③皆為夫妻。所以，甲太太握了 4 次手。

　　注意：應用福爾摩斯原理來偵辦兇殺案，把所有可能的兇手列出來，逐一除掉不可能的兇手 (例如有不在場的證明)，最後剩下一個人，他必是兇手嗎？不必然！因為後來發現死者是自殺的！反映到數學來，這警告我們，若沒有「存在性」就大談「唯一性」，並且以此「唯一性」當作「存在性」，是很危險的。

2.由特例切入，作觀察與歸納，再利用數學歸納法加以證明：

(i) 當 $n = 1$ 時，即只有一對夫婦，那麼顯然甲太太握了 0 次手。

(ii) 當 $n = 2$ 時，即有兩對夫婦，此時握手的情形如圖 3–20 所示。

所以甲太太為①，握了一次手。

(iii)當 $n = 3$ 時，即有三對夫婦，此時握手的情形如圖 3–21 所示。

所以甲太太為②，握了二次手。

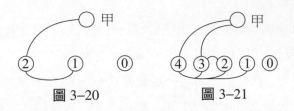

圖 3–20　　　　　　　　圖 3–21

　　由這些特例的觀察，我們猜測一般規律為：n 對夫婦時，甲太太握了 $n - 1$ 次手。這種論證程序叫做（**枚舉**）**歸納法**。

　　通常我們利用數學歸納法來證明所得到的猜測。此地我們只需驗證**遞迴機制**：假設 n 對夫婦的情況，甲太太握了 $n - 1$ 次手。今再多加一對夫婦進來，則兩人握手次數的可能情形是 $2n$ 與 0，$2n - 1$ 與 1，$2n - 2$ 與 2，……，n 與 $n - 2$。每一種情形都只跟甲太太握過 1 次，所以甲太太從原來的 $n - 1$ 次變成握了 n 次手。

　　這個方法可解決一般的問題，但超乎國中數學的程度，因此我們也沒有看到學生提出這個解法。

　　值得注意的是，枚舉歸納法與數學歸納法是不同的，前者是一種猜測的藝術，所得的結果可能對也可能錯，後者則是一種特定形式的演繹證明方法。

✏️ **練習題**

10.任何六個人的場合，試證至少有三個人互相都認識，或者至少有三個人互相都不認識。這個結果叫做 Ramsey 定理，在組合學中進一步發展出 Ramsey 理論。　❏

解題與數學教育

　　上述四個問題所展現的思考特質與方法論，歸結起來有：計算與推理，分析與綜合，由特例切入作歸納與猜測，系統性地列舉所有情況，對稱性的觀察，以簡御繁，類推與推廣，探尋規律，圖像式的直觀與邏輯式的論證，對於數與形的敏銳感覺，…等等。這些揉合起來正好就是數學教育所要達成的目標。

　　要實現這個目標，只有透過教學與解題的思考活動來落實。這必須是逐步漸進的，分成許多層次迴旋上昇：

1.先是熟悉初步的計算、推理與公式的操作。
2.再上昇到概念與原理的掌握，以及各種應用。
3.然後提煉成有用的觀點，得到了悟。

　　真懂沒有替代物，了解有無窮多層，認識會逐漸加深增廣。因此，學習才變成是「日新又新」不斷地提昇境界的知識探險之旅。

　　數學有最豐富的題材，供給我們講究提問題與解決問題 (the art of problem posing and problem solving) 的思考，從困頓中閃現靈光，得到發現與證明的喜悅，精煉為「萬人敵」的方法論，溶匯入數學主流，最後連結成有機的知識整體。

數學教育應該提供機會，讓學生得到探索與發現的樂趣。費曼 (R. P. Feynman) 回憶童年往事時說：

> 我在童年時期得到過某種美好的東西，於是終生都想再次得到。我像個孩子，一直在尋找那些好東西，我知道我會找到——也許不是每次都能，但常常會找到。

然而，放眼目前的數學教育，實施的結果，讓絕大多數的學生害怕數學，討厭數學，甚至痛恨數學，求知胃口敗壞。不但達不到正面的效果，反而盡得負面的壞處。過多的考試與分數主義，逼使學生走上「背記」的歧途，完全違背教育的旨趣。

事實上，做題目並不在於多，而是在於徹底地做，各種觀點與角度，好好的想透，做每一題都要發揮百分之百，甚至百分之兩百的效果。筆者發現，一些筆試不錯的學生，口試起來就很差，一個可能的猜測是：這種學生偏向背記死知識，造成不正確的學習態度。

最後筆者要引用物理學家費曼與戴森 (F. Dyson) 對「考試文化」的批評。

費曼說：

> 大家都努力在考試，也教下一代如何考試，然後大家什麼都不懂。

戴森說：

> 我希望還有一些聰慧而又熱愛科學的少年，切勿讓他們浪費生命中最寶貴的時光去準備考試，而失去對科學的熱愛與興趣。

❓練習題 6 的解答：

6. 設 *ABCD* 為任意四邊形，試在底邊 $\overline{BC}$ 上找一點 *P*，使得 $\angle BAP = \angle PDC$，如圖 3–22 所示。

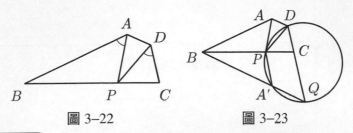

圖 3–22　　　　　　　圖 3–23

分析與思考

讓 P 點從 B 點移動至 C 點，觀察 $\angle BAP$ 與 $\angle PDC$ 的變化，那麼根據連續函數的中間值定理，可知這個作圖題一定有唯一的解答。再加上對稱性的想法，以及圓內接四邊形的外角等於內對角，就可以作圖出來了。我們分成兩種情形來思考，從特殊到普遍。

(i) 若 $ABCD$ 為長方形，我們可以這樣作圖：作 A 點相應於 $\overline{BC}$ 的對稱點 A' 連結 $\overline{A'D}$ 交 $\overline{BC}$ 於 P 點，則 P 點即為所求。事實上，此時 P 點為底邊 $\overline{BC}$ 的中點。

(ii) 若 $ABCD$ 為一般四邊形，如本練習題，那麼我們作圖如下：

作圖

作出 A 點相對於線段 $\overline{BC}$ 的對稱點 A'，延長線段 $\overline{BA'}$，交線段 $\overline{CD}$ 的延長線於 Q 點（兩個底角不相等，故 $\overline{BA'}$ 不會平行於 $\overline{CD}$，並且 Q 可能在另一側）。過 A', D, Q 三點作一圓，交 $\overline{BC}$ 邊於 P 點，則 P 點即為所求，如圖 3–23 所示。

證明

由對稱性作圖知 $\angle BAP = \angle BA'P$，再由圓內接四邊形的外角等於內對角得到 $\angle BA'P = \angle PDC$，所以 $\angle BAP = \angle PDC$（等量代換公理）。

註

關於 $\overline{BA'}$ 的延長線交 $\overline{CD}$ 於 Q 點這件事：可在此側，也可在另一側，甚至可能平行而不相交，對於這些情形皆同理可證。

☕ Tea Time

欣賞最美麗的定理

排　名	定　理	評　分
1	$e^{i\pi} + 1 = 0$	7.7
2	多面體的 Euler 公式：$V - E + F = 2$	7.5
3	質數有無窮多個。	7.5
4	正多面體恰好有五種。	7.0
5	$1 + \dfrac{1}{2^2} + \dfrac{1}{3^2} + \dfrac{1}{4^2} + \cdots = \dfrac{\pi^2}{6}$	7.0
6	從閉的單位圓盤到自身的連續的映射必有一個不動點。	6.8
7	$\sqrt{2}$ 為無理數。	6.7
8	π 為超越數。	6.5
9	任何平面地圖都可用四種顏色塗色，使得相鄰區域的顏色皆不同。	6.2
10	任何形如 $4n + 1$ 的質數都可唯一表成兩個整數的平方和。	6.0
23	四邊形 a, b, c, d 的最大面積為 $\sqrt{(s-a)(s-b)(s-c)(s-d)}$ 其中 s 為半周界之長。	3.9
24	$\dfrac{5[(1-x^5)(1-x^{10})(1-x^{15}) \cdots]^5}{[(1-x)(1-x^2)(1-x^3)(1-x^4) \cdots]^6}$ $= p(4) + p(9)x + p(14)x^2 + \cdots$ 其中 $p(n)$ 表示 n 的分割數。	3.9

註：評分標準是滿分為 10 分。這是根據 *The Mathematical Intelligencer* 在 1988 年向數學界發出問卷調查，所得到的統計結果。

4

無言的證明

$$\Delta \atop \delta$$ delta

　　德國音樂家孟德爾頌（F. Mendelssohn，西元 1809～1847 年）寫有著名的《無言之歌》(*Lieder ohne worter*)，一共八集，含四十八首的鋼琴小品，沒有歌詞，只有曲子。在數學中，一個公式或定理的證明，有各種方式，其中的「無言的證明」(proof without words)，具有直觀、輕巧、雅緻之趣，可比美於《無言之歌》。順便值得一提的是，孟德爾頌的妹夫正是鼎鼎有名的數學家狄瑞克雷（Dirichlet，西元 1805～1859 年），他在西元 1855 年繼承高斯（Gauss，西元 1777～1855 年）的職位。

　　本節從算術、幾何、代數三個領域，各舉出一個「無言的證明」之例子，與讀者共同欣賞。

　　古希臘的畢達哥拉斯（Pythagoras，西元前六世紀），最喜歡在海邊的沙灘排弄小石子 (pebbles)，玩數學。有一天，他偶然排出如圖 4–1 的圖，突然叫出 "Aha!"，並立刻領悟到一個含納無窮可能的公式：對任何自然數 n，恆有

$$1 + 3 + 5 + \cdots + (2n - 1) = n^2 \tag{1}$$

　　這是數學發現的偉大時刻 (a great moment)，從「有涯」飛躍到「無涯」。

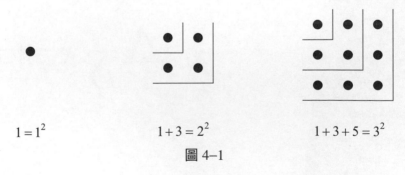

$$1 = 1^2 \qquad\qquad 1 + 3 = 2^2 \qquad\qquad 1 + 3 + 5 = 3^2$$

圖 4–1

　　兩千多年後，俄國數學家柯莫戈洛夫（A. N. Kolmogorov，西元
1903～1987 年），他在小時候也獨立地玩索出公式(1)，既驚奇又興奮，
從此喜愛上數學。柯莫戈洛夫最重要的貢獻是，在西元 1933 年提出機
率論的公理化系統，奠定了現代機率論的堅實數學基礎。

　　在歐氏幾何學中，最著名的結果是畢氏定理：（見圖 4–2）

　　　　如果 $\triangle ABC$ 的 $\angle C = 90°$，則 $c^2 = a^2 + b^2$。

　　畢氏也是在沙灘上，以 $a+b$ 為邊作兩個正方形，並且作如圖 4–3
之分割，然後說一聲：瞧 (behold)！

$$\therefore c^2 = a^2 + b^2 \tag{2}$$

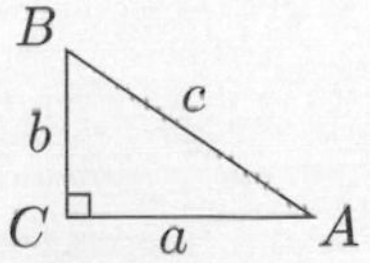

圖 4–2 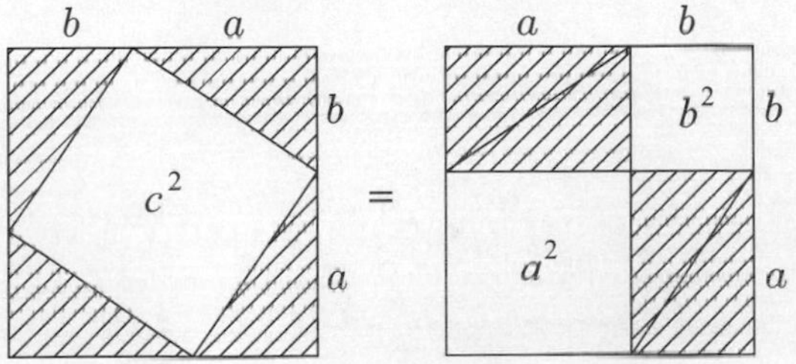　　　　　　　　　　　　　圖 4–3

　　畢氏堪稱為「無言的證明」之開山祖師。透過圖形，直指本心地
洞悟真理。

　　在代數學中，我們遇到了著名的不等式：**兩個正數的算術平均大
於等於幾何平均，幾何平均又大於等於調和平均**。巴帕斯（Pappus，
約西元 300 年）作出下面圖 4–4，立即看出這個不等式：

$$\overline{AB} = a, \overline{BC} = b, \overline{OD} = \frac{a+b}{2}, \overline{BD} = \sqrt{ab}, \overline{DE} = \frac{2ab}{a+b}$$

$$\therefore \frac{a+b}{2} \geq \sqrt{ab} \geq \frac{2ab}{a+b} \tag{3}$$

　　由圖 4–4，我們也一眼看出：當 $a = b$ 時，(3)式的所有不等號都變
成等號。

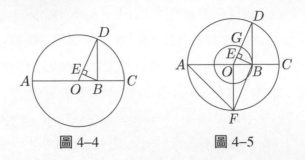

圖 4–4　　　　　　　　　圖 4–5

在圖 4–4 的基礎上，筆者進一步作出圖 4–5，把(3)式擴充成更豐富的不等式(4)，這個「無言的證明」，在文獻上筆者還未曾見過，也可能是自己「孤陋寡聞」。

$$\overline{AB} = a, \overline{BC} = \overline{DG} = b, \overline{BD} = \sqrt{ab}, \overline{OD} = \overline{OF} = \frac{a+b}{2}$$

$$\overline{DE} = \frac{2ab}{a+b}, \overline{OB} = \frac{a-b}{2}, \overline{BF} = \sqrt{\frac{a^2+b^2}{2}}$$

$$\because \overline{AB} \ge \overline{BF} \ge \overline{OF} = \overline{OD} \ge \overline{BD} \ge \overline{DE} \ge \overline{DG} = \overline{BC}$$

$$\therefore \max\{a, b\} \ge \sqrt{\frac{a^2+b^2}{2}} \ge \frac{a+b}{2} \ge \sqrt{ab} \ge \frac{2ab}{a+b} \ge \min\{a, b\} \quad (4)$$

此地我們用到了三角形的大角對大邊定理。我們也注意到，當 $a = b$ 時，(4)式全部變成等式，天地歸一。

幾何圖形具有直觀易明的優點，諺云：「**一個圖勝過千言萬語**」，這恰是「無言的證明」之最佳寫照。

禪宗的「直指本心，不立文字」；老子的「大音希聲，大象無形」；孔子的「天何言哉，四時行焉，百物生焉」；陶淵明的「山氣日夕佳，飛鳥相與還，此中有真意，欲辨已忘言」；畢氏的聽得見「無聲的天球音樂」，這些都是對「無言勝有言」、「無聲勝有聲」的深刻體驗與肯定。

　　近代偉大哲學家維根斯坦（L. Wittgenstein，西元 1889～1951 年）在他的經典名著《邏輯哲學論叢》(*Tractatus Logicophilosophicus*) 一書中說得更周全：「凡是能夠說出的東西，就要清清楚楚地說出；不能夠說出的東西，我們必須保持沉默」。

　　數學的「無言的證明」，只不過是採用「圖說」的方式，把事情說清楚而已。這往往更具魅力，更令人心領神會，發現、證明、了悟與欣賞合一。

 Tea Time

什麼是證明？

　　由公理或假設 p 出發，按邏輯步驟，推導出結論 q，這樣我們就說我們證明了定理：若 p 則 q $(p \Rightarrow q)$。

　　我們常聽說「愛恨相生」（老子說：「禍兮福之所倚，福兮禍之所伏。」）今我們規定，由一個英文單字出發，推理的規則是每一步只能變更一個字母，使得變化後的單字仍然有意義（例如：good → gold），那麼我們就可以證明下面的定理。

　　定理：Love ⇔ Hate

　　證明：我們提出兩種證法：

　　　　(i) Love ⇔ Lone ⇔ Cone ⇔ Coke ⇔ Cake
　　　　　　⇔ Cate ⇔ Hate。

　　　　(ii) Love ⇔ Dove ⇔ Dote ⇔ Date ⇔ Hate。

註：數學中的證明，講究簡潔，但此地似乎是越長越有趣。請你提出第三種證法。

5

一線定乾坤

　　作補助線解決幾何問題，具有畫
龍點睛、扭轉乾坤的意味，所以我們
不妨稱之為「定乾坤」的一線。如何
想到的? 通常是透過觀察與分析，再
配合試誤，最後才得到發現的喜悅。

西元 1997 年的算術奧林匹克競賽，其中有一題如下：

在圖 5-1 中，設 *ABCE* 為一梯形，
ABCD 為一平行四邊形。連結 $\overline{BE}$ 與
$\overline{CD}$ 相交於 *F*，再連結 $\overline{AF}$。試證明：三
角形 *ADF* 與三角形 *CEF* 的面積相等。

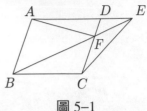

圖 5-1

大家都知道三角形的面積等於底乘以高的一半，但是本題的底與
高都沒有具體的數字，故面積公式派不上用場。進一步觀察，我們發
現 △*ADF* 與 △*CEF* 似乎沒有關連，底與高也沒有關係，這是本題之
所以稍具深度的地方。

我們必須在 △*ADF* 與 △*CEF* 之間建立一座橋！作補助線 $\overline{BD}$，得
到一個新的 △*BDF*，這就是我們所要的橋，參見圖 5-2。

利用三角形同底等高面積就相等
的道理，得知

$$\triangle ADF = \triangle BDF \qquad (1)$$

$$\triangle BDE = \triangle CDE \qquad (2)$$

(2)式兩邊同減去 △*DEF*，就有

$$\triangle BDF = \triangle CEF \qquad (3)$$

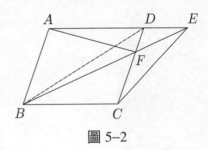

圖 5-2

由(1)、(3)作等量代換，得到

$$\triangle ADF = \triangle CEF$$

證畢。

因此，作補助線 $\overline{BD}$ 是解決問題的關鍵，具有畫龍點睛、扭轉乾
坤的意味，所以我們不妨稱 $\overline{BD}$ 為「定乾坤」的一線。如何想到的？
通常是透過觀察與分析，再配合試誤，最後才得到發現的喜悅。

在歐氏平面幾何裡，最著名的補助線出現在「三角形三內角和為
180°」之證明。

如圖 5-3，過頂點 *A*，作補助線 $\overline{DE}$，平行於 $\overline{BC}$（平行公理），則由內錯角定理知

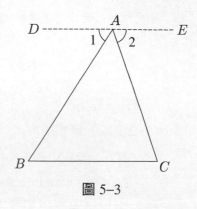

$$\angle 1 = \angle B,\ \angle 2 = \angle C$$

$$\therefore \angle A + \angle B + \angle C$$

$$= \angle A + \angle 1 + \angle 2 = 180°$$

這個證明清晰、明確，令人留下深刻印象。$\overline{DE}$ 是道地的「定乾坤」的一線，展現了補助線的驚奇。

圖 5-3

我們可以打個比方，歐氏幾何的解題或證明方法，有如手工藝品，具有簡潔的優點，而後來發展出來的解析幾何或向量幾何方法，好像是機器文明，可作系統地大量生產。我們要學會機器文明的生產方法，但也不要忘掉欣賞手工藝品的精巧之美。

再舉一個例子：

如圖 5-4，設圓的半徑為 3，而 *AOB* 與 *COD* 為互相垂直的直徑，過圓周上一點 *E* 作兩直徑的垂線 $\overline{EF}$ 與 $\overline{EG}$，交於 *F* 與 *G*，試求 $\overline{FG}$ 之長。

解析：對於這個問題，許多學生會想到畢氏定理：

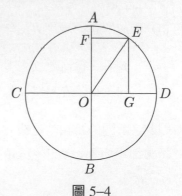

$$\overline{FG}^2 = \overline{OG}^2 + \overline{OF}^2$$

接著，有人會苦於不知道 $\overline{OG}$ 與 $\overline{OF}$ 之長，所以就做不出來。另外，也有

圖 5-4

人進一步知道圓的方程式為 $x^2 + y^2 = 3^2$，於是 $E = (x, y)$，並且

$$\overline{FG}^2 = \overline{OG}^2 + \overline{OF}^2 = 3^2$$

$$\therefore \overline{FG} = 3$$

最輕巧的辦法是作補助線 $\overline{OE}$，因為長方形 *EFOG* 的兩條對角線相等，所以

$$\overline{FG} = \overline{OE} = 3 \text{（半徑長）}$$

這簡直就是「四兩撥千斤」，相當於阿基米德（Archimedes，西元前 287～212 年）所說的：

給我一個支點，我就可以移動地球。

(Give me a fulcrum and I will move the earth.)

這是阿基米德透過槓桿原理所做的一個合理的**想像實驗** (thought experiment)。在科學史上，更著名的例子是哥白尼（N. Copernicus，西元 1473～1543 年）提出的地動說（或太陽中心說），利用思想就移動了地球! 事實上，槓桿原理是阿基米德的得力助手，用來作「數學的發現」: 先利用它猜測出答案，然後再用嚴格的邏輯論證加以證明。

數學的解題，除了要正確之外，也要講究漂亮 (elegance)。對於後者而言，這跟藝術是相通的。我們看牛頓（I. Newton，西元 1642～1727 年）對於解題的現身說法：

我將一個問題放在心中，不斷地想，持續幾個小時、幾天或幾個星期，直到問題溶解，祕密揭開。

因此，解題的祕訣就是毅力、專注與堅持到底。這說起來很平凡，做起來卻不容易，真正做到的人就是「天才」。

最後我們舉一個「兩線定乾坤」的例子。如圖 5-5，假設 *ABCD* 為一個平行四邊形，且 $\overline{EF}/\!/\overline{BD}$，試證

$$\triangle ABE = \triangle ADF$$

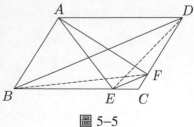

圖 5-5

作補助線 $\overline{DE}$ 與 $\overline{BF}$，因為同底等高兩個三角形的面積就相等，所以

$$\triangle ABE = \triangle BDE,\ \triangle ADF = \triangle BDF,\ \triangle BDE = \triangle BDF$$

再由等量代換公理，就得證

$$\triangle ABE = \triangle ADF$$

愛因斯坦（A. Einstein，西元 1879～1955 年）在他的《自傳註記》(*Autobiographical Notes*) 中寫道：

> 小時候，有一位叔叔告訴我畢氏定理。經過許多努力，我自己終於利用相似三角形的道理(作一條補助線)，證明了這個定理。在這個過程中，我發現到一個直角三角形的邊與邊之比由一個銳角完全決定。

換言之，愛因斯坦不但自己證明了一個定理，而且還從中領悟到三角學的基本道理，即一個直角三角形，由一個銳角完全決定兩邊的比值。這是一箭雙鵰。

求解一個問題，若是自己獨立地想出來，即使答案在文獻上早已存在，這仍然算是重新發現，對於個人是非常珍貴的經驗。"research"（研究）的本義就是**重新 (re) 找尋 (search)** 的意思。目前由於資訊發達，許多好的問題，學生都太早就讀到答案，而平白喪失自己追尋的機會。讀得的答案，跟自己想出來的答案，不一樣就是不一樣！

下面的練習題，都是屬於一線定乾坤的問題，請讀者練習：

練習題

1. 利用相似三角形的道理，證明畢氏定理。

2. 試證泰利斯 (Thales) 定理：半圓的內接角為直角，即證圖 5–6 中的 $\angle A = 90°$。

3. 在圖 5–7 中，設 P 為 $\triangle ABC$ 內任一點，試證：

$$\overline{AB} + \overline{AC} > \overline{PB} + \overline{PC}$$

4. 試證托勒密 (Ptolemy) 定理：設 $ABCD$ 為圓內接四邊形，邊長分別為 a, b, c, d，對角線為 x, y，則 $xy = ac + bd$，見圖 5–8。

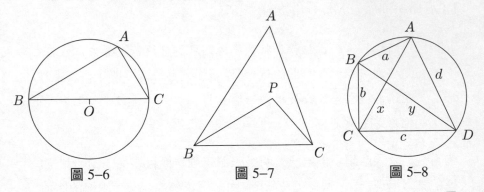

圖 5–6　　　　圖 5–7　　　　圖 5–8

6

一題多解的妙趣

解題是學習數學的核心，尤其是解有意思的問題。這是錘煉思想，檢驗毅力的不二法門。解題貴在徹底、多觀點與獨立地想出來；千萬不要貪多淺解而淪為背記，以致喪失數學教育的本意。

　　某校國一新生的數學暑假作業，一共六題，其中有一題含有兩小題，如下：

1. 媽媽買回一個平行四邊形的蛋糕，如圖 6-1。現在要切一刀，把平行四邊形切成形狀相同且大小相等的兩塊。請問你該怎麼切呢？並請畫出各種不同的切法。
2. 如圖 6-2，在平行四邊形 $ABCD$ 中，E 與 F 分別是 $\overline{BC}$ 與 $\overline{CD}$ 的中點，求 $\triangle AEF$ 與平行四邊形 $ABCD$ 的面積之比值。

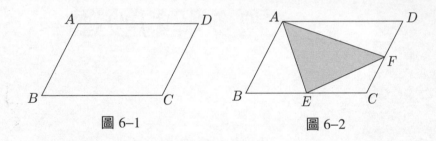

圖 6-1　　　　　　　　　　　圖 6-2

　　第一小題很簡單。但是，第二小題對國一新生而言就稍具難度，可以有許多種解法，從淺易到深刻，牽涉到數學各層面的觀念與方法，內容豐富美妙。

　　請讀者暫停一下，不要往下讀，先自己做做看。

　　最好的事情是，自己獨立地做出來，這勝過別人告訴你的許多答案。次好的事情是，在嘗試很久之後，即使沒有成功，你對這個問題已有相當的了解。

　　無論如何，有了上述兩種情形之準備，再參考別人的答案，這時才容易吸收別人的想法，檢討自己的盲點，並且欣賞各種不同的解法，達到多元的了解。

平面幾何的解法

在圖 6–3 中，對角線 $\overline{AC}$ 或 $\overline{BD}$ 都將平行四邊形 $ABCD$ 分割成大小與形狀相等的兩塊。事實上，任何通過中心點 O 的直線，都具有這個性質，見圖 6–4。因此，第一小題有無窮多種解法。

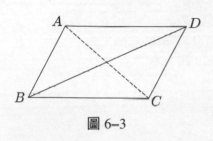

圖 6–3

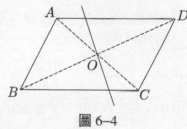

圖 6–4

對於第二小題，我們作補助線 $\overline{AC}, \overline{BD}$ 與 $\overline{DE}$，見圖 6–5。

根據三角形的面積公式（底乘以高的一半）以及 E、F 為中點，可知

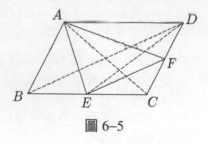

圖 6–5

$$\triangle AEC = \triangle ABE = \frac{1}{4}\square ABCD$$

$$\triangle ACF = \triangle ADF = \frac{1}{4}\square ABCD$$

於是

$$\triangle AEC + \triangle ACF = \frac{1}{2}\square ABCD$$

又因為

$$\triangle ECF = \triangle EFD = \frac{1}{8}\square ABCD$$

所以

$$\triangle AEF = \triangle AEC + \triangle ACF - \triangle ECF$$

$$= \frac{1}{2}\square ABCD - \frac{1}{8}\square ABCD = \frac{3}{8}\square ABCD$$

從而

$$\frac{\triangle AEF}{\square ABCD} = \frac{3}{8} \tag{1}$$

底下是更簡潔的解法。如圖 6–6，
作 $\overline{EG}\,/\!/\,\overline{AB}, \overline{FH}\,/\!/\,\overline{AD}$，相交於 O 點，
連結 $\overline{AO}$，則

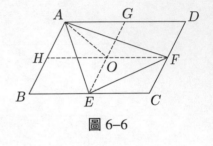

圖 6–6

$$\triangle EFO = \frac{1}{2}\square ECFO = \frac{1}{8}\square ABCD$$

$$\triangle AOF = \frac{1}{2}\square DGOF = \frac{1}{8}\square ABCD$$

$$\triangle AOE = \frac{1}{2}\square BEOH = \frac{1}{8}\square ABCD$$

三式相加，得到

$$\triangle AEF = \frac{3}{8}\square ABCD$$

由此立得(1)式。

上述兩種大同小異的解法，都作了三條補助線，我們不妨稱之為
「三線定乾坤法」。

在機率論中，欲求一個事件 A 的機率 $P(A)$，當直接求算不易時，
我們常常改求補事件 $A^c\ (=\Omega\backslash A)$ 的機率 $P(A^c)$，於是 $P(A) = 1 - P(A^c)$。

現在我們要模倣這個方法，提出第三種解法。在圖 6–6 中，由已
給條件知

$$\frac{\triangle CEF}{\square ABCD} = \frac{1}{8}$$

$$\frac{\triangle ABE}{\square ABCD} = \frac{1}{4}$$

$$\frac{\triangle ADF}{\square ABCD} = \frac{1}{4}$$

$$\therefore \frac{\triangle AEF}{\square ABCD} = 1 - \frac{1}{8} - \frac{1}{4} - \frac{1}{4} = \frac{3}{8}$$

無窮級數的解法

我們採用窮盡法 (method of exhaustion)，作無窮多條補助線，再經過無窮步驟的求和，得到答案。

如圖 6-7 所示

$$\triangle EOF = \frac{1}{8} \square ABCD$$

$$\triangle EOG + \triangle FOH$$

$$= \frac{2}{16} \square ABCD$$

$$\triangle GIO + \triangle HIO$$

$$= \frac{2}{32} \square ABCD$$

$$\vdots$$

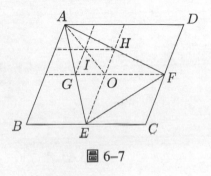

圖 6-7

所以 $\triangle AEF$ 與 $\square ABCD$ 的面積之比值為

$$\frac{1}{8} + 2(\frac{1}{16} + \frac{1}{32} + \frac{1}{64} + \cdots) = \frac{3}{8}$$

坐標幾何法

坐標系的用意就是充當代數與幾何之間的橋樑，將坐標與點，方程式與圖形互相轉化。

　　我們知道，在坐標平面上，n 個點 $P_k = (x_k, y_k)$, $k = 1, 2, \cdots, n$, 若按逆時針排置，形成一個 n 邊形，則它的面積公式為

$$A = \frac{1}{2} \sum_{k=1}^{n} \begin{vmatrix} x_k & x_{k+1} \\ y_k & y_{k+1} \end{vmatrix} \tag{2}$$

其中規定 $x_{n+1} = x_1$, $y_{n+1} = y_1$。

　　如圖 6–8，引入平面坐標系，使得平行四邊形的四個頂點之坐標為

$$O = (0, 0), B = (a, 0)$$
$$D = (c, d), C = (a + c, d)$$

於是中點 E 與 F 的坐標為

$$E = (a + \frac{c}{2}, \frac{d}{2}), F = (\frac{a}{2} + c, d)$$

根據(2)式知，

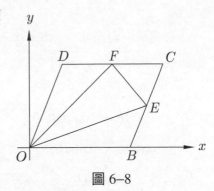

圖 6–8

$$\triangle OEF = \frac{1}{2} \begin{vmatrix} a + \dfrac{c}{2} & \dfrac{a}{2} + c \\ \dfrac{d}{2} & d \end{vmatrix} = \frac{3}{8} ad$$

$$\Box OBCD = \frac{1}{2} \left(\begin{vmatrix} a & a + c \\ 0 & d \end{vmatrix} + \begin{vmatrix} a + c & c \\ d & d \end{vmatrix} \right) = ad$$

所以 $\triangle OEF$ 與 $\Box OBCD$ 的面積之比值為 $\dfrac{3}{8}$。

　　下面是另一種作法，仍參見圖 6–8。通過 O 與 F 的直線方程式為

$$2dx - (a + 2c)y = 0$$

點 E 至此直線的距離為

$$\frac{\left| 2d \dfrac{2a + c}{2} - (a + 2c) \dfrac{d}{2} \right|}{\sqrt{(2d)^2 + (a + 2c)^2}} = \frac{|2d(2a + c) - (a + 2c)d|}{2\sqrt{(2d)^2 + (a + 2c)^2}}$$

所以 $\triangle OEF$ 的面積為

$$\frac{1}{2}\sqrt{(\frac{a+2c}{2})^2 + d^2} \cdot \frac{|2d(2a+c) - (a+2c)d|}{2\sqrt{(2d)^2 + (a+2c)^2}} = \frac{3}{8}ad$$

因為 $\square OBCD$ 的面積為 ad，故 $\triangle OEF$ 與 $\square OBCD$ 的面積之比值為 $\frac{3}{8}$。

向量代數法

笛卡兒與費瑪 (Descartes and Fermat) 的解析幾何並沒有將幾何完全代數化。一直等到引入向量之後，透過向量的四則運算：加法、係數乘法、內積與外積，人類才實現用代數演算來掌握幾何的夢想。

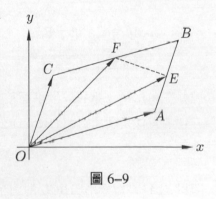

圖 6–9

如圖 6–9，令 $\overrightarrow{OA} = \vec{u}, \overrightarrow{OC} = \vec{v}$，則

$$\overrightarrow{OE} = \vec{u} + \frac{1}{2}\vec{v}, \overrightarrow{OF} = \vec{v} + \frac{1}{2}\vec{u}$$

根據向量外積的定義及其運算律知，

$$\square OABC = \|\vec{u} \times \vec{v}\|$$

$$\triangle OEF = \frac{1}{2}\left\|(\vec{u} + \frac{1}{2}\vec{v}) \times (\vec{v} + \frac{1}{2}\vec{u})\right\| = \frac{3}{8}\|\vec{u} \times \vec{v}\|$$

因此，$\triangle OEF$ 與 $\square OABC$ 的面積之比為 $\frac{3}{8}$。

特殊與普遍：線性代數的解法

　　解決一個問題，從特例切入，往往是一個好辦法。長方形是平行四邊形的特例，因此，我們考慮長方形。

　　如圖 6–10，假設長方形之寬為 a，長為 b，E 與 F 分別為 $\overline{BC}$ 與 $\overline{CD}$ 之中點。由畢氏定理知

$$\overline{AE} = \frac{1}{2}\sqrt{4a^2 + b^2}$$

$$\overline{AF} = \frac{1}{2}\sqrt{a^2 + 4b^2}$$

$$\overline{EF} = \frac{1}{2}\sqrt{a^2 + b^2}$$

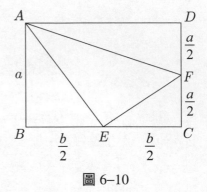

圖 6–10

已知三角形的三邊長，欲求面積，最方便的方法是利用海龍 (Heron) 公式，經過些許的計算可得

$$\triangle AEF = \frac{3}{8}ab$$

所以 $\triangle AEF$ 與矩形 $ABCD$ 的面積之比值為 $\frac{3}{8}$。

　　考慮進一步的特例：

❓問題：

　　在圖 6–10 中，何種長方形會使得 $\triangle AEF$ 為直角三角形？

　　由畢氏逆定理知，欲使 $\triangle AEF$ 成為直角三角形的條件為

$$\overline{AF}^2 = \overline{AE}^2 + \overline{EF}^2$$

$$\frac{1}{4}(a^2 + 4b^2) = \frac{1}{4}(4a^2 + b^2) + \frac{1}{4}(a^2 + b^2)$$

化簡得到

$$a:b = 1:\sqrt{2} \ \text{或} \ b = \sqrt{2}\,a$$

在此條件下，$\angle AEF = 90°$，並且

$$\overline{AE} = \frac{1}{2}\sqrt{4a^2 + b^2} = \frac{1}{2}\sqrt{6a^2}$$

$$\overline{EF} = \frac{1}{2}\sqrt{a^2 + b^2} = \frac{1}{2}\sqrt{3a^2}$$

$$\text{矩形 } ABCD \text{ 的面積} = \sqrt{2}\,a^2$$

從而

$$\triangle AEF = \frac{1}{2}\overline{AE}\cdot\overline{EF} = \frac{3}{8}\sqrt{2}\,a^2$$

因此，$\triangle AEF$ 與矩形 $ABCD$ 的面積之比值為 $\dfrac{3}{8}$。

再退到最極端的特例，考慮正方形的情形，這時一切變得水清見底。

在圖 6–11 中，假設 $ABCD$ 為一個正方形，E 與 F 分別為 $\overline{BC}$ 與 $\overline{CD}$ 之中點，則

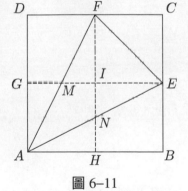

$$\triangle EIN = \triangle AHN$$

$$\triangle FMI = \triangle AMG$$

所以

圖 6–11

$$\triangle AEF = \square AHIG + \triangle EFI = \frac{3}{2}\cdot\square AHIG$$

$$= \frac{3}{8}\cdot\square ABCD$$

我們也可以利用 Pick 公式（參見第 14 節），得知

$$\triangle AEF = i + \frac{b}{2} - 1 = 1 + \frac{3}{2} - 1 = \frac{3}{2}$$

正方形 *ABCD* 的面積為 4。因此，不論如何，△*AEF* 與正方形 *ABCD* 的面積之比值皆為 $\frac{3}{8}$。

通常，一般情況成立，則特殊情況就成立。反之，不必然。但是，對於有些問題，特殊情況成立，則一般情況也成立。此時一般與特殊在邏輯上等價。

我們從平行四邊形退到長方形，再退到正方形，即從一般退到特殊，然後輕易地將問題解決。接著是從特殊進到一般，我們必須探求兩者之間的關係。

根據線性代數知，我們可以找到一個線性映射

$$T:\quad \mathbb{R}^2 \longrightarrow \mathbb{R}^2$$
$$\cup\kern-0.6em\shortmid \qquad\qquad \cup\kern-0.6em\shortmid$$
$$(u, v) \longrightarrow (x, y)$$

定義為

$$\begin{cases} x = au + bv \\ y = cu + dv \end{cases}$$

並且 (u, v) 平面到 (x, y) 平面的放大率為

$$\begin{vmatrix} a & b \\ c & d \end{vmatrix} = ad - bc > 0$$

使得 T 將正方形 *OABC* 變成平行四邊形 *O′A′B′C′*，參見圖 6–12。

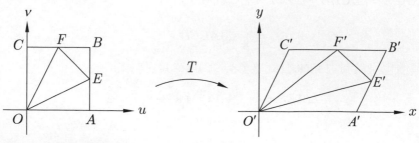

圖 6–12

對於正方形，上述我們已求得

$$\frac{\triangle OEF}{\square OABC} = \frac{3}{8}$$

從而，對於平行四邊形的情形，我們有

$$\frac{\triangle O'E'F'}{\square O'A'B'C'} = \frac{(ad-bc)\triangle OEF}{(ad-bc)\square OABC} = \frac{3}{8}$$

這樣我們就解決了原問題，並且還得知，不論是正方形、長方形或平行四邊形，答案都是 $\frac{3}{8}$。如果再加入微積分的考量，我們可得更一般的結果，不過我們就此打住。

一些相關的問題

下面我們提出五個問題，當作練習題。

✐ 練習題

1. 在圖 6–13 中，考慮長方形 $ABCD$，假設 E 點將 $\overline{BC}$ 按 $a:b$ 作分割，F 點將 $\overline{CD}$ 按 $c:d$ 作分割，試求 $\triangle AEF$ 與 $\square ABCD$ 的面積之比值。注意，當 $a = b$，且 $c = d$ 時，就化約為原問題。

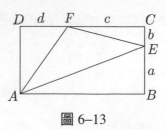

圖 6–13

2. 如圖 6–14，考慮長方形 $ABCD$，令 P, Q 分別為 $\overline{CD}$ 與 $\overline{BC}$ 的分割點。問如何選取 P 與 Q 兩點的位置，使得 $\triangle ABQ = \triangle PCQ = \triangle ADP$? 再求 $\triangle APQ$ 與矩形 $ABCD$ 的面積之比值。

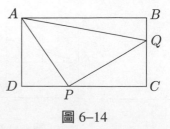

圖 6–14

3. 如圖 6–15，考慮 $\triangle ABC$，假設 $\overline{AP} = \frac{1}{3}\overline{AB}$，$\overline{BQ} = \frac{1}{3}\overline{BC}$，$\overline{CR} = \frac{1}{3}\overline{AC}$，試求 $\triangle DEF$ 與 $\triangle ABC$ 的面積之比值。

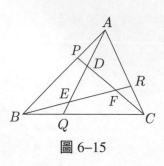

圖 6–15

4. (i) 如圖 6–16，考慮一個圓，已知 A, B 為其上相異兩點，試求 P 點使得內接三角形 PAB 的面積為最大。

　(ii) 如圖 6–17，考慮一個橢圓，已知 A, B 為其上相異兩點，試求 P 點使得內接三角形 PAB 的面積為最大。

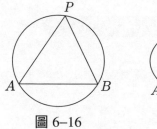

圖 6–16

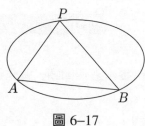

圖 6–17

5. 先觀察兩個「無言的證明」：

(i) $\sum\limits_{k=2}^{3} \tan^{-1}\dfrac{1}{k} = \dfrac{\pi}{4}$（見圖 6–18）。

(ii) $\sum\limits_{k=1}^{3} \tan^{-1}k = \pi$（見圖 6–19）。

(iii) 在圖 6–18 中，求 $\triangle DEF$ 與矩形 $ABCD$ 的面積之比值。

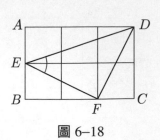

圖 6–18

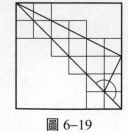

圖 6–19

結　語

表面上看起來很簡單的一個問題，居然有這麼多種解法，從綜合幾何、無窮級數、坐標法、向量法到線性代數等等。按解題方法論來看，這些包括有「天略」、「政略」、「戰略」與「戰術」，應有盡有。它們都是幾千年來人類文明所發展出來的結晶。這些方法就構成今日中學基礎數學的主要內容。

有的方法比較淺顯，應用有限；有的方法較深刻，並且應用廣泛。平面幾何的方法像手工藝，線性代數的方法是機器文明。我們做一個問題，就是要透過問題來熟悉且掌握背後所涉及的各種數學概念與方法。用具體問題來貫穿數學，掌握抽象。正如笛卡兒所說的：「從求解一個問題中，我就可以形成一個方法，以備往後求解其他問題之用。」

筆者每見到有些中學生，在課本的概念與習題都還未弄清楚之前，就大量地做參考書的難題，這真是「搶本逐末」，得不償失！

採用「題海戰術」，會導致對於每一題只能是浮面地解題，不求甚解，淺嚐即止，無法得到解題的樂趣。加上有許多問題解不出來，更打擊信心，敗壞求知胃口。

總之，一個好問題的「一題多解」勝過「多題一解」。從解題中，形成概念、方法，甚至發展出理論，這大概就是數學或科學的求真之路吧。

Tea Time

什麼是「不知道」?

諾貝爾物理獎得主波恩 (M. Born) 在哥廷根 (Göttingen) 大學唸書時，必須通過數學家希爾伯特 (D. Hilbert) 的數學口試。在考前，波恩去找老師，請教應如何準備考試。

老師問：「你最弱的是哪一門課?」

「代數學的理想理論 (Ideal theory)。」

老師不再說什麼，並且波恩也以為考試時不會考這個領域的問題了。孰料，考試當天，希爾伯特所問的問題，全都集中在理想理論。

事後希爾伯特向波恩解釋說:「是啊，我只不過是想探索你自認為毫無所知這件事到底是怎麼一回事。」

——Born 與 Hilbert 的故事——

Logic...remains barren unless it is fertilized by intuition.

It is by logic that we prove, but by intuition that we invent.

——H. Poincaré——

The works of the Lord are great, sought out of all them that have pleasure therein.

——Cavendish Lab 入門的標語——

7

從畢氏定理
到餘弦定律

從畢氏定理探索到餘弦定律有幾
條小徑可走，本節我們先選取其中一
條，來欣賞其美妙。

克卜勒 (Kepler) 說：畢氏定理與黃金分割是幾何學的兩個寶藏。事實上，由畢氏定理出發，我們可以將一大半的基礎數學連貫起來。

畢氏定理與畢氏逆定理：

畢氏定理：在 $\triangle ABC$ 中，若 $\angle C = 90°$，見圖 7–1，則

$$c^2 = a^2 + b^2$$

畢氏逆定理：在 $\triangle ABC$ 中，若 $c^2 = a^2 + b^2$，則 $\angle C = 90°$，亦即 $\triangle ABC$ 為一個直角三角形。

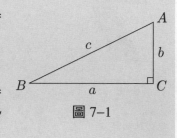

圖 7–1

由於畢氏逆定理常被忽略或誤用，所以我們特別給出證明：如圖 7–2 所示，已知 $c^2 = a^2 + b^2$。過 C 點向右側作 $\overline{CD}$ 垂直 $\overline{AC}$，並且取 $\overline{CD} = a$，連結 $\overline{AD}$。因為 $\triangle ACD$ 為一個直角三角形，所以由畢氏定理知

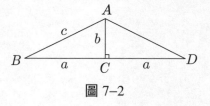

圖 7–2

$$\overline{AD}^2 = a^2 + b^2$$

再由假設 $c^2 = a^2 + b^2$，可知 $c = \overline{AD}$，從而

$$\triangle ABC \cong \triangle ADC \quad \text{(S.S.S.)}$$

因此

$$\angle ACB = \angle ACD = 90°$$

註：利用正定理證明逆定理，這在幾何中常見，值得注意。

練習題

1. 筆者曾見過有學生這樣論證：考慮三邊為 3, 4, 5 的三角形，因為 $5^2 = 4^2 + 3^2$，所以由畢氏定理知，此三角形為直角三角形。請指出錯誤的所在。　❑

　　將畢氏定理及其逆定理合起來，就得到直角三角形的刻劃：

定理 1：

　　在 $\triangle ABC$ 中，$\angle C = 90°$ 的充要條件是 $c^2 = a^2 + b^2$。

練習題

2. 如圖 7–3，設 $ABCD$ 為一個梯形，$\overline{AD} /\!/ \overline{BC}$, $\overline{BD} = 8$, $\overline{AC} = 6$, $\overline{AD} = 2$, $\overline{BC} = 8$，試求梯形的面積。

3. 如圖 7–4，設 $\triangle ABC$ 為一個正三角形，內部有一點 P，至三頂點的距離為 3, 4, 5。試求三角形一邊的長及其面積。

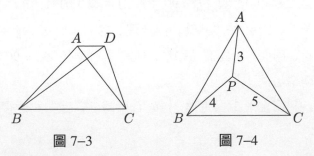

圖 7–3　　　　　　圖 7–4

4. 設 $x > 1$, $r > 0$，若以 $2x^2 + 2x$, $2x + 1$, $2x^2 + 2x + r$ 為三邊長的三角形是一個直角三角形，求 r 之值。　❑

根據邏輯的命題演算，定理 1 可以改寫成下面等價的形式：

定理 2:
在 $\triangle ABC$ 中，$\angle C \neq 90°$ 的充要條件是 $c^2 \neq a^2 + b^2$。

根據大角對大邊定理（一個三角形的兩邊分別與另一個三角形的兩邊相等，當這兩邊所夾的角不等時，則大角所對的邊大於小角所對的邊），我們可以將定理 2 敘述得更明確一點：

定理 3:
在 $\triangle ABC$ 中，我們有
(i) 若 $\angle C < 90°$，則 $c^2 < a^2 + b^2$
(ii) 若 $\angle C > 90°$，則 $c^2 > a^2 + b^2$

在這裡我們可以利用定理 3 來證明畢氏逆定理（第二種證法），亦即假設 $c^2 = a^2 + b^2$，欲證 $\angle C = 90°$。如果 $\angle C \neq 90°$，由三一律知 $\angle C < 90°$ 或 $\angle C > 90°$。當 $\angle C < 90°$ 時，由定理 3 的 (i) 知 $c^2 < a^2 + b^2$，這跟假設矛盾。當 $\angle C < 90°$ 時，由定理 3 的 (ii) 知 $c^2 > a^2 + b^2$，這也跟假設矛盾。因此，由歸謬法知道，唯一的可能是 $\angle C = 90°$。基本上這是一種窮舉證法。

其次，利用定理 1 與定理 3，配合反證法，我們立即得到下面的精緻結果：

> **定理 4:（三一律）**
>
> 　在 $\triangle ABC$ 中，我們有
>
> 　(i) 若 $\angle C < 90°$，則 $c^2 < a^2 + b^2$
>
> 　(ii) 若 $\angle C = 90°$，則 $c^2 = a^2 + b^2$
>
> 　(iii) 若 $\angle C > 90°$，則 $c^2 > a^2 + b^2$

　　這相當於由「n 為奇（偶）數 $\Rightarrow n^2$ 為奇（偶）數」得到「n 為奇（偶）數 $\Leftrightarrow n^2$ 為奇（偶）數」，這在證明 $\sqrt{2}$ 為無理數時，會派上用場。

　　進一步，我們問：c^2 與 $a^2 + b^2$ 相差多少？$c^2 - (a^2 + b^2)$ 跟 $\angle C$ 有關，它們之間的關係是什麼？

　　我們分別考慮 $\angle C$ 為銳角與鈍角的情形。在圖 7–5 中，$\angle C$ 為銳角，過 A 點作 $\overline{AD} \perp \overline{BC}$，由畢氏定理知

$$c^2 = \overline{AD}^2 + \overline{BD}^2 = b^2 - \overline{CD}^2 + (\overline{BC} - \overline{CD})^2$$

$$= b^2 + \overline{BC}^2 - 2\overline{BC} \cdot \overline{CD} = a^2 + b^2 - 2ab\cos C \tag{1}$$

對於圖 7–6，$\angle C$ 為鈍角的情形，同理也可得到(1)式。

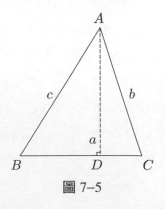

圖 7–5

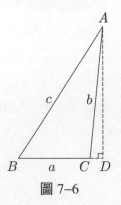

圖 7–6

再由對稱性的考慮，我們就得到餘弦定律：

定理 5：（餘弦定律，the law of cosine）

在 $\triangle ABC$ 中，我們有

$$\begin{cases} c^2 = a^2 + b^2 - 2ab\cos C \\ b^2 = c^2 + a^2 - 2ca\cos B \\ a^2 = b^2 + c^2 - 2bc\cos A \end{cases} \tag{2}$$

註：(2)式中所含的是「減號」，而不是「加號」。我們大可說：「三角形邊長的平方關係偏好減號。」

值得注意的是，在數學中，以定律來稱呼定理的，除了餘弦定律以外，還有正弦定律 (the law of sine)，平行四邊形定律 (parallelgram law) 以及機率論的大數法則 (the law of large numbers)。

另一方面，我們也注意到，餘弦定律是畢氏定理的推廣（畢氏定理是餘弦定律的特例），不但一舉通吃了畢氏的正逆定理（畢氏逆定理的第三種證法），而且還統合了定理 1 至定理 4 的所有結果。

對於這麼美妙的一個結果，值得我們從各種角度來觀照它。此地我們只舉出一種動態的圖解法：

在圖 7-7 中，$\triangle ABC$ 的 $\angle C = 180°$，此時 $c = a + b$，所以

$$c^2 = (a+b)^2 = a^2 + b^2 + 2ab \tag{3}$$

這是(1)式的特例。

其次，圖中標記有 ⋀ 者皆為活動的接點，將圖 7-7 活動成圖 7-8，令 θ 為 $\angle C$，並且 θ 為鈍角，此時圖中一個平行四邊形的面積為 $ab(-\cos\theta)$。因此，由圖 7-8 我們看出

$$c^2 = a^2 + b^2 + 2ab(-\cos\theta) \tag{4}$$

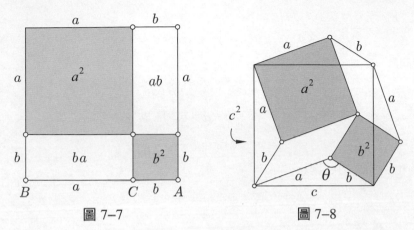

圖 7-7　　　　　　　　　　　　　　　圖 7-8

接著，當 θ 變動至 $90°$ 時，就得到圖 7-9，我們立即看出

$$c^2 = a^2 + b^2 \tag{5}$$

這是畢氏定理。

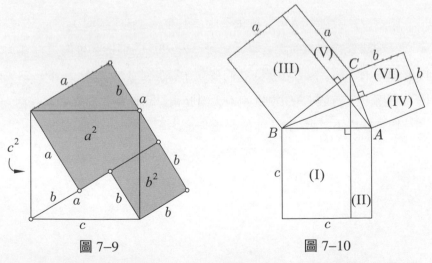

圖 7-9　　　　　　　　　　　　　　　圖 7-10

現在讓 θ 變動為銳角，此時我們需另作一個圖才容易觀察，如圖 7-10，我們看出：

$$(\text{I}) = (\text{III}), (\text{II}) = (\text{IV}) \tag{6}$$

並且

$$(V) = a(b \cos \theta) = b(a \cos \theta) = (VI)$$

所以

$$c^2 = a^2 + b^2 - 2ab \cos \theta \tag{7}$$

最後，當 θ 退化為 $0°$ 時，$c = a - b$，所以

$$c^2 = (a - b)^2 = a^2 + b^2 - 2ab \tag{8}$$

這也是(1)式的特例。

練習題

5. 試證明(6)式。

6. 請圖解(8)式。　　　　　　　　　　　　　　　　　　□

　　總之，我們利用圖解直觀地看出餘弦定律（(3)至(8)式），包括畢氏定理及乘法公式作為特例。畢氏定理（$\theta = 90°$ 的情形）好像是浮在海面上冰山的一角，由它出發，我們發現了整座冰山（$0° \leq \theta \leq 180°$ 的情形）。這種從「有涯」飛躍到「無涯」的歷程，是數學發現的主要特色，在這個意味之下，我們說：「數學是無窮之學」。

Tea Time

臺灣的剪牛皮的故事（見參考資料 [73], p.37）

西元 1624 年 8 月，荷蘭人依約退出澎湖島，從臺灣海峽東進，自臺灣西南的鹿耳門（今之曾文溪口）進入臺江（今安平到臺南市一帶的地區），登陸後，隨即遭到原住民的抵抗，於是荷蘭人極力安撫說：「我等是為此島帶來天上福音。」然後請求借用土地，原住民當然嚴加拒絕。荷蘭人改說：「那麼只要一張牛皮大小的土地就好了。」

原住民被「牛皮大小」這句話給蒙騙，協議的結果同意了。荷蘭人將牛皮剪成細條，圍成一千平方公尺的土地，成功地借到「牛皮大小」的土地。

在西方，這叫做 Dido 問題，答案是圍成圓，可得最大的面積。

Θθ theta

8

餘弦定律的追尋

接續上一節，我們改採實驗、特例觀察、分析、歸納、試誤、猜測等方法，探求餘弦定律。雖然結果很簡單，但是我們可以借助這個實例來展現探索的方法與過程。

畢氏定理是說直角三角形的斜邊平方等於兩股的平方和，亦即在 $\triangle ABC$ 中，見圖 8-1，若 $\angle C = 90°$，則

$$c^2 = a^2 + b^2 \qquad (1)$$

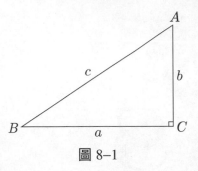

圖 8-1

(1)式對於無窮多個（大小與形狀不同的）直角三角形都成立，掌控無窮是數學的一種驚奇。對於更多的「所有三角形」三邊的關係是否也有類似的規律可尋？換言之，我們要問：如果 $\triangle ABC$ 是一般的三角形，(1)式應如何修正或推廣？有無適用於所有三角形的公式，使得當 $\angle C = 90°$ 時，退化為(1)式？

實驗、觀察與猜測

因為 $\angle C = 90°$ 是關鍵，加上我們要從直角三角形飛躍到一般的三角形，所以我們就取兩個固定長的線段 a, b（不妨設 $a > b$），讓它們的夾角 $\angle C$ 從 0° 到銳角、直角、鈍角及平角不斷地變動，如下面圖 8-2，再觀察 c^2 與 $a^2 + b^2$ 的大小關係。

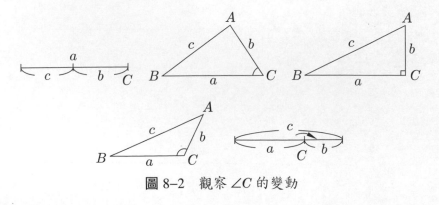

圖 8-2　觀察 $\angle C$ 的變動

以下令 $\angle C = \theta$，並且採用弧度單位。

1. $\theta = 0$ 的退化情形：

$$c = a - b, c^2 = (a-b)^2 = a^2 + b^2 - 2ab \qquad (2)$$

2. $0 < \theta < \dfrac{\pi}{2}$ 的情形：

$$c^2 < a^2 + b^2 \qquad (3)$$

3. $\theta = \dfrac{\pi}{2}$ 的情形：

$$c^2 = a^2 + b^2$$

4. $\dfrac{\pi}{2} < \theta < \pi$ 的情形：

$$c^2 > a^2 + b^2 \qquad (4)$$

5. $\theta = \pi$ 的退化情形：

$$c = a + b, c^2 = (a+b)^2 = a^2 + b^2 + 2ab \qquad (5)$$

在第 2 項與第 4 項的情形，我們用了「大角對大邊定理」：一個三角形的兩邊分別與另一個三角形的兩邊相等，當這兩邊所夾的角不等時，則大角所對的邊大於小角所對的邊。

容易看出，當 θ 從 0 遞增到 π 時，c 從 $a-b$ 遞增到 $a+b$，並且 $c^2 - (a^2 + b^2)$ 從 $-2ab$ 遞增到 $2ab$。顯然 $c^2 - (a^2 + b^2)$ 跟 a, b 與 θ 都有關係，因此可令

$$c^2 - (a^2 + b^2) = f(a, b, \theta)$$

亦即

$$c^2 = a^2 + b^2 + f(a, b, \theta) \qquad (6)$$

由上述觀察可知修正項 $f(a, b, \theta)$ 滿足：

1. $f(a, b, 0) = -2ab$。

2. 當 $0 < \theta < \dfrac{\pi}{2}$ 時，$f(a, b, \theta) < 0$。

3. $f(a, b, \frac{\pi}{2}) = 0$。

4. 當 $\frac{\pi}{2} < \theta < \pi$ 時，$f(a, b, \theta) > 0$。

5. $f(a, b, \pi) = 2ab$。

6. 在 $0 \le \theta \le \pi$ 之上，$f(a, b, \theta)$ 為一遞增函數，並且

　　$-2ab \le f(a, b, \theta) \le 2ab$。

　　我們的目標是求出 $f(a, b, \theta)$。但是光由這六個性質，並不易求得其明白表式。為此，我們再觀察一個極限情形：想像 a 固定不變，讓 b 越來越小，漸趨近於 0。此時 c 漸趨近於 a，並且(6)式變成

$$c^2 = c^2 + 0^2 + f(a, 0, \theta)$$

於是 $f(a, 0, \theta) = 0$。同理可知，$f(0, b, \theta) = 0$。換言之，$f(a, b, \theta)$ 可能含有，比如說

$$\sqrt{a}, a, a^{\frac{3}{2}}, a^2, \cdots$$

$$\sqrt{b}, b, b^{\frac{3}{2}}, b^2, \cdots$$

等因子。今因(6)式兩端的量，其「量綱」(dimensions) 都是長度的平方，即 L^2，所以 $f(a, 0, \theta)$ 可能含有因子

$$ab, \sqrt{a}b^{\frac{3}{2}}, a^{\frac{3}{2}}\sqrt{b}, \cdots$$

再基於 a 與 b 的地位相當之「對稱性」（或「簡潔性」、「漂亮性」）考慮，我們選擇 ab。從而，我們猜測

$$f(a, b, \theta) = Kab \cdot g(\theta) \tag{7}$$

其中 K 為一個常數，$g(\theta)$ 為 θ 的函數並且「無量綱」(dimensionless)。

　　進一步，由(2)與(5)兩式，容易猜到 $K = 2$，亦即

$$f(a, b, \theta) = 2ab \cdot g(\theta) \tag{8}$$

或者

$$c^2 = a^2 + b^2 + 2ab \cdot g(\theta) \tag{9}$$

根據上述的觀察，$g(\theta)$ 滿足：

1. $g(\theta) = -1$。

2. 當 $0 < \theta < \dfrac{\pi}{2}$ 時， $-1 < g(\theta) < 0$。

3. $g(\dfrac{\pi}{2}) = 0$。

4. 當 $\dfrac{\pi}{2} < \theta < \pi$ 時， $0 < g(\theta) < 1$。

5. $g(\pi) = 1$。

6. 在 $0 \le \theta \le 1$ 之上，g 為一遞增函數並且 $-1 \le g(\theta) \le 1$。

(10)

❓ **問題：**

　　$g(\theta)$ 的明白表式是什麼？

　　首先我們注意到，滿足(10)式的 g 有許多，例如

$$g_1(\theta) = \frac{2}{\pi}\theta - 1, \ g_2(\theta) = -\sin(\frac{\pi}{2} + \theta)$$

$$g_3(\theta) = -\cos\theta, \ g_4(\theta) = -\cos^3\theta$$

等等。事實上，在坐標平面上，通過 $(0, -1)$, $(\dfrac{\pi}{2}, 0)$ 與 $(\pi, 1)$ 三點的任何一條遞增的連續曲線，都是可能的答案。這些曲線顯然有無窮多條，要從中選到正確的答案，簡直像「海底撈針」，機會渺茫。但創造或發現的魅力就是在於從無窮多可能之中找到正確的那一個，得到 "Aha!" 的驚喜。

　　當然，我們可以用特例作檢驗，刪除掉一些不對的答案。例如，如果我們選取

$$c^2 = a^2 + b^2 + 2ab(\frac{2}{\pi}\theta - 1)$$

(11)

考慮圖 8–3 之直角三角形：

$$a = 1, b = 2, c = \sqrt{3}, \theta = \frac{\pi}{3}$$

代入(11)式去驗算，立知(11)式不成立。

我們也注意到 $g_2(\theta)$ 與 $g_3(\theta)$ 是相同的。

最幸運的是，找到可以生出一般規律的特例。讓我們另找線索吧。

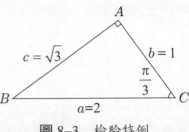

圖 8–3　檢驗特例

進一步的特例之觀察

特例往往可以啟示我們猜測出普遍規律。一般而言，特例無法證明普遍規律，但是可以否證它。

一、等腰三角形的考察與計算

我們選擇等腰三角形的理由是計算很容易。

令 $a = b$，以 a 為半徑作一個圓，如圖 8–4。考慮 $\triangle ABC$，則 $c = 2a\sin\dfrac{\theta}{2}$。於是

$$c^2 = 4a^2 \sin^2 \frac{\theta}{2}$$

再化成(9)式之形，得到

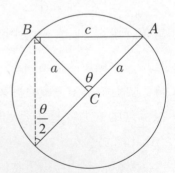

圖 8–4　等腰三角形

$$c^2 = 4a^2\left(1 - \cos^2 \frac{\theta}{2}\right) = 2a^2 - 2a^2\left(2\cos^2 \frac{\theta}{2} - 1\right)$$

從而

$$c^2 = a^2 + a^2 - 2aa\cos\theta \tag{12}$$

將此式與(9)式作比較，我們猜測：

$$g(\theta) = -\cos\theta$$

二、電腦實驗

由(9)式知

$$g(\theta) = \frac{c^2 - (a^2 + b^2)}{2ab} \tag{13}$$

此式提供我們用電腦作實驗以探求 $g(\theta)$ 的契機。

在格子網的平面上，做出以格子點為頂點的各種三角形，並且讓 c 邊所對應的角 θ 在 $[0°, 180°]$ 中變動。利用畢氏定理求出三角形三邊 a, b, c 之長，代入(13)式計算 $g(\theta)$，再度量 θ。最後，在坐標平面上做出各點 $(\theta, g(\theta))$，得到圖 8–5。

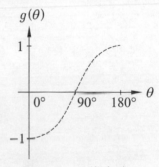

圖 8–5　g 的實驗圖

只要我們熟悉餘弦函數 $y = \cos\theta$ 的圖形，看到圖 8–5，立即會猜測

$$g(\theta) = -\cos\theta$$

電腦有助於「數學發現」，此地是一個例子。

總之，由上述的觀察，都讓我們「從海底撈到針」，猜測到

$$c^2 = a^2 + b^2 - 2ab\cos\theta \tag{14}$$

此式成立嗎? 這需要進一步作檢驗。

檢　驗

對於一個猜測要如何檢驗呢? 通常分成三種方式來進行：

1. 否證: 這就是提出一個反例 (counter example)，推翻猜測。

2. 分析法: 暫時假設猜測成立，由此推導出邏輯結論。如果這個結論是矛盾的，那麼就否決掉原猜測，這就是所謂的歸謬法 (reductio ad absurdum)，是思考的利器。如果推出的結論成立的話，那麼我們對原猜測就更具信心，但是仍然沒有得到證明。

3. 證明: 這就是提出邏輯論據，從已知的前提推導出猜測。

有了證明，猜測才上昇為定理。還沒有證明，也否證不了的猜測，就仍然保留為猜測的身分，例如數論中著名的 Goldbach 猜測與雙生質數猜測。(註解)

　　顯然，(14)式符合前述所觀測到的所有特例。讀者自己應舉出更多的特例去檢驗(14)式。

　　當 △ABC 為銳角三角形時，如圖 8–6，顯然

$$\overline{BC} = \overline{BD} + \overline{DC}$$

亦即

$$a = a\cos B + b\cos C \tag{15}$$

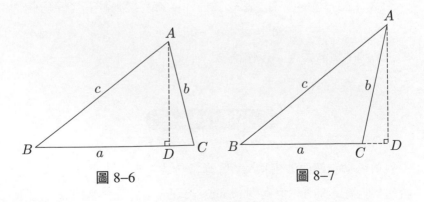

圖 8–6　　　　　　　　　　圖 8–7

當 $\triangle ABC$ 為鈍角三角形時，如圖 8–7，我們有

$$\overline{BC} = \overline{BD} - \overline{CD}$$

亦即

$$a = c\cos B - b\cos(180° - C) = c\cos B + b\cos C$$

同理可得

$$b = a\cos C + c\cos A \tag{16}$$

$$c = b\cos A + a\cos B \tag{17}$$

上述(15)、(16)與(17)三式，對於任意三角形都成立，我們稱它們為**第一餘弦定律**或**投影定律**。

將此三式看作是關於 $\cos A, \cos B, \cos C$ 的聯立方程式，就可解得

$$\begin{cases} \cos A = \dfrac{b^2 + c^2 - a^2}{2bc} \\ \cos B = \dfrac{c^2 + a^2 - b^2}{2ca} \\ \cos C = \dfrac{a^2 + b^2 - c^2}{2ab} \end{cases} \tag{18}$$

這樣我們就證明了我們的猜測是對的：

定理 1：（餘弦定律，the law of cosine）

設 $\triangle ABC$ 為任意三角形，三邊為 a, b, c，則

$$\begin{cases} a^2 = b^2 + c^2 - 2bc\cos A \\ b^2 = c^2 + a^2 - 2ca\cos B \\ c^2 = a^2 + b^2 - 2ab\cos C \end{cases} \tag{19}$$

　　反過來，將餘弦定律的前兩項相加，化簡，就得到(17)式。同理由 (19)式也可得(15)與(16)式。因此，投影定律與餘弦定律是等價的。

　　我們也可以利用正弦定律來證明餘弦定律。

$$\boxed{\text{正弦定律}}$$

　　三角形具有「大角對大邊」與「大邊對大角」的性質，正弦定律 (the law of sine) 正好是這個性質的「定量」反應。

定理 2：（正弦定律）

　　設 $\triangle ABC$ 為任意三角形，a, b, c 為相應的三邊，則恆有

$$\frac{a}{\sin A} = \frac{b}{\sin B} = \frac{c}{\sin C} = 2R \tag{20}$$

　　其中 R 為 $\triangle ABC$ 的外接圓半徑。

　　正弦定律也有各種證法，下面我們提出四種證法：

1. 由三角形的面積公式

$$\triangle = \frac{1}{2} bc \sin A = \frac{1}{2} ca \sin B = \frac{1}{2} ab \sin C$$

　　立得

$$b \sin A = a \sin B, \; c \sin B = b \sin C, \; c \sin A = a \sin C$$

2. 由圖 8–6 與圖 8–7，三角形 BC 邊上的高為

$$h = c \sin B = b \sin C$$

3. 作 $\triangle ABC$ 的外接圓，過 A 點作直徑 $\overline{AD}$ 令其長為 $2R$，如圖 8–8，則 $\angle D = \angle C$，並且

$$\sin C = \sin D = \frac{C}{2R}$$

4. 作 $\triangle ABC$ 的外接圓，如圖 8–9，則 $\angle BOC = 2\angle A$, $\overline{BE} = \overline{EC}$，於是

$$a = \overline{BC} = \overline{BE} + \overline{EC} = 2\overline{BE} = 2R\sin(\frac{1}{2}\angle BOC) = 2R\sin A$$

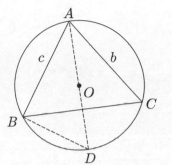 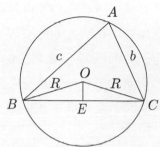

圖 8–8　正弦定律的證明　　圖 8–9　正弦定律的證明

接著，我們證明餘弦定律。由⒇式得

$$c^2 = 4R^2 \sin^2 C$$

$$a^2 + b^2 - 2ab\cos C = 4R^2(\sin^2 A + \sin^2 B - 2\sin A\sin B\cos C)$$

所以只需證明下面的補題就可得證餘弦定律：

補題：在 $A + B + C = 180°$ 的條件下，我們有

$$\sin^2 C = \sin^2 A + \sin^2 B - 2\sin A\sin B\cos C \qquad (21)$$

證明：

$$\sin C = \sin(180° - (A + B)) = \sin(A + B) = \sin A\cos B + \cos A\sin B$$

於是

$$\sin^2 C = \sin^2 A\cos^2 B + \cos^2 A\sin^2 B + 2\sin A\cos A\sin B\cos B$$

$$= \sin^2 A(1 - \sin^2 B) + (1 - \sin^2 A)\sin^2 B + 2\sin A\sin B\cos A\cos B$$

$$= \sin^2 A + \sin^2 B - 2\sin A\sin B(\sin A\sin B - \cos A\cos B)$$

$$= \sin^2 A + \sin^2 B + 2\sin A\sin B\cos(A + B)$$

$$= \sin^2 A + \sin^2 B - 2\sin A\sin B\cos C \qquad \text{Q.E.D.}$$

三足鼎立

我們要證明: 投影定律、餘弦定律與正弦定律三者互相等價, 如圖 8–10。在上述中, 我們已經由投影定律推導出餘弦定律。現在我們利用餘弦定律來證明正弦定律:

$$\frac{a}{\sin A} = \frac{b}{\sin B} = \frac{c}{\sin C} \tag{22}$$

為了利用(18)式之餘弦定律, 我們改證等價於(22)式之平方式:

$$\frac{a^2}{\sin^2 A} = \frac{b^2}{\sin^2 B} = \frac{c^2}{\sin^2 C}$$

亦即證明

$$\frac{a^2}{1 - \cos^2 A} = \frac{b^2}{1 - \cos^2 B} = \frac{c^2}{1 - \cos^2 C} \tag{23}$$

利用(18)式之餘弦定律, 我們可以驗算得知(23)式成立, 從而證明了(22)式之正弦定律。

最後, 我們利用正弦定律來推導出投影定律。由正弦定律, 令

$$\frac{a}{\sin A} = \frac{b}{\sin B} = \frac{c}{\sin C} = 2R$$

則得

$$a = 2R \sin A,\, b = 2R \sin B,\, c = 2R \sin C$$

從而

$$c \cos B + b \cos C = 2R \sin C \cos B + 2R \sin B \cos C$$
$$= 2R \sin(B + C)$$
$$= 2R \sin A \quad (\because A + B + C = 180°)$$
$$= a$$

同理可證

$$b = a\cos C + c\cos A, \quad c = b\cos A + a\cos B$$

 練習題

1. 利用正弦定律證明正切定律 (the law of tangent)：

$$\frac{a-b}{a+b} = \frac{\tan(\dfrac{A-B}{2})}{\tan(\dfrac{A+B}{2})} = \frac{\tan(\dfrac{A-B}{2})}{\cot(\dfrac{C}{2})} \quad \text{等等。}$$

2. 已知 $a = zb + yc$, $b = xc + za$, $c = ya + xb$，試證

$$\frac{a^2}{1-x^2} = \frac{b^2}{1-y^2} = \frac{c^2}{1-z^2}$$

提示：本題是由投影定律推導出正弦定律，但以代數的形式呈現。　❏

更多的證明

下面我們分別用坐標幾何與複數的工具來證明餘弦定律。

一、坐標幾何的證法

　　對於任意給定的 $\triangle ABC$，取定平面坐標系，然後使得 C 點為原點，B 點為 $(a, 0)$，而 A 點則為 $(b\cos C, \, b\sin C)$，如圖 8–11。由兩點的距離公式（畢氏定理）得知

$$\begin{aligned}
c^2 &= (b\cos C - a)^2 + b^2\sin^2 C \\
&= b^2\cos^2 C - 2ab\cos C + a^2 + b^2\sin^2 C \\
&= a^2 + b^2 - 2ab\cos C
\end{aligned}$$

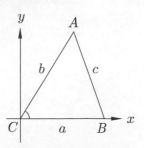

圖 8–11　餘弦定律的坐標證法

是為餘弦定律。

二、複數的證法

對於任意給定的 $\triangle ABC$，取複數平面使得 C 點為原點，A 點與 B 點分別為

$$z_1 = b(\cos\theta_1 + i\sin\theta_1)$$
$$z_2 = a(\cos\theta_2 + i\sin\theta_2)$$

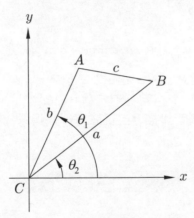

圖 8–12　餘弦定律的複數證法

參見圖 8–12。於是

$$z_1 - z_2 = (b\cos\theta_1 - a\cos\theta_2) + i(b\sin\theta_1 - a\sin\theta_2)$$

所以

$$c^2 = \overline{AB}^2 = |z_1 - z_2|^2 = (z_1 - z_2) \cdot \overline{(z_1 - z_2)}$$
$$= (b\cos\theta_1 - a\cos\theta_2)^2 + (b\sin\theta_1 - a\sin\theta_2)^2$$
$$= a^2 + b^2 - 2ab(\cos\theta_1\cos\theta_2 + \sin\theta_1\sin\theta_2)$$
$$= a^2 + b^2 - 2ab\cos(\theta_1 - \theta_2) = a^2 + b^2 - 2ab\cos C$$

結　語

三角學（trigonometry）的本義是三角形的測量。它是由一個定理（畢氏定理）、六個定義（sin, cos 等）、一個定律（餘弦定律）及一個公式（和角公式）所推演出來的數學體系，其中的餘弦定律更占有核心的地位。

本節我們展示了：由問題出發，思考特例，作實驗與觀察，形成猜測；接著是檢驗猜測，即證明或用反例否證；最後再作推廣。這整個探索過程，導致知識的動員與連貫，而終於融會入各支數學主流（如歐氏幾何、三角學、坐標幾何、複數、向量代數等）之中，變成有機的知識整體。

一般的數學教科書都直接給出公式或定理，然後就作證明，而忽略掉由問題出發的探尋過程，這使學生只能被動地學習，缺乏主動探索的經驗，輕易地就走上懶惰思考的道路，用背記來應付考試，考過後再忘得一乾二淨。

德國批評家與戲劇家萊辛（Lessing，西元 1729～1781 年）說得好：「人的價值在於不斷地追求真理，而不在於擁有真理。因為只有透過追求真理，而不是占有，人的能力才會展現並且漸趨於完美。占有只會使一個人停滯、懶惰與驕傲。」

【註解】

對於這兩個數論著名的未解決問題，在 2013 年的 5 月，都有了不錯的突破。H. A. Helfgott 證明了「弱型的 Goldbach 猜測」：任何大於 5 的奇數都可以表為三個質數之和。Yitang Zhang（張益唐）證明了「弱型雙生質數猜測」：存在有無窮多對的質數 p, q，滿足 $|p - q| < 70$。

Tea Time

頭腦的體操

一個三角形用放大鏡去看它，大小當然放大了，但是角度不變，你可以證明嗎?復次，一張鈔票用放大鏡去看它，什麼東西不變?

三角形的上帝

常言說得好，如果三角形要發明一個上帝，那麼必會讓祂具有三個邊。

——Montesquieu （西元 1689～1755 年）——

9

畢氏定理的故事

> 不知道正方形的對角線及其一邊
> 是不可共度（incommensurable）者愧
> 生為人。
>
> The philosopher is the spectator of
> all time and all existence.
>
> Philosophy begins in wonder.
>
> ——柏拉圖——

天文學家克卜勒（Kepler，發現行星繞太陽運動的三大定律）說：「幾何學有兩個寶貝，一個是畢氏定理，另一個是黃金分割。前者如黃金，後者如珍珠。」

黃金分割隱藏在正五邊形、五角星、費布那西數列、股票價格的波動、生物的生長、美學、金字塔、大自然、……之中，簡直是無所不在。

畢氏定理是歐氏平面幾何學的核心結果，一切初等幾何學的計算永遠離不開它。以它為中心，我們可以把一大部分的數學連結起來，達到「吾道一以貫之」的境地。

畢氏定理：

在 $\triangle ABC$ 中，三邊的長為 a, b, c。
如果 $\angle C = 90°$，則 $c^2 = a^2 + b^2$。參
見圖 9–1。

畢氏逆定理：

在 $\triangle ABC$ 中，三邊的長為 a, b, c。
如果 $c^2 = a^2 + b^2$，則 $\angle C = 90°$。

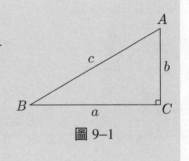

圖 9–1

因此，$\angle C = 90°$ 與 $c^2 = a^2 + b^2$ 在邏輯上是等價的，或者說成兩者互為充要條件。亞歷山卓 (Alexandria) 大學的歐幾里得 (Euclid)，在西元前 300 年寫成十三冊的《幾何原本》，其中第一冊最後兩個結果是第 47 命題與第 48 命題，恰好分別為畢氏定理及其逆定理。

霍布斯的奇遇

霍布斯（Hobbes，西元 1588～1679 年）是一位「大隻雞慢啼」（即「大器晚成」）的英國哲學家，對於政治哲學有很重要的貢獻。他受的是文科教育（拉丁文與希臘文），只有在早年讀過簡單的算術。但是，幾何學卻影響了他的後半生。

根據記載，霍布斯在 40 歲時，才偶然遇見幾何學。在一家圖書館的桌上，歐氏的《幾何原本》正好打開在第一冊的第 47 命題，他讀了該命題。「我的天啊，這怎麼可能!」因此他讀其證明，發現要用到前面的命題，於是翻到前面讀之，又要用更前面的命題，再往前讀之，…最後終於倒讀至直觀自明的公理，如此這般，他證實了畢氏定理是真理，也讓他從此愛上幾何學。

幾何學的清晰條理，邏輯組織系統，讓人進入其中可以得到「證明之樂」，這是其它學問所沒有的。

最多種證明的定理

到目前為止，我們知道畢氏定理至少有 370 種證法，堪稱天下第一，其中有的證法簡潔漂亮，讓人拍案叫絕，值得一再地欣賞與品味。

數學史家猜測，畢氏學派的證法是以 $a + b$ 為邊作兩個正方形，再作不同的分割，參見第 4 節圖 4–3，然後說一聲: 瞧 (behold)!

畢氏逆定理其實也很重要，但常被忽略，請讀者補足它的證明。

古希臘偉大哲學家柏拉圖 (Plato)，於西元前 380 年，在雅典的市郊創立柏拉圖學院，以探究宇宙萬有的奧祕為宗旨。他對幾何學給予很高的評價，因此在學院的門口掛一塊招牌說：**「不懂幾何學的人不得進入此門。」** 這是世界上最早的大學入學考試的錄取標準。

幾何教學的故事

關於幾何學的教學，流傳了四個有趣的故事。第一個發生在西元前六世紀，祖師爺畢達哥拉斯 (Pythagoras) 教一位學生幾何學。起先學生的學習意願並不高，於是畢氏告訴學生說：「你每學會一個定理，我就給你一塊錢。」學習意願立即提高，而且越學越有興趣，學生賺到了不少的錢。但是，畢氏卻越教越慢，直到學生忍耐不住，要求老師教快一點，並且對老師說：「你每教會我一個定理，我就付一塊錢的學費。」最後，錢又都回到畢氏的口袋，這等於是畢氏免費教會這位學生幾何學。

第二個故事發生在哲學家蘇格拉底 (Socrates) 的身上。蘇格拉底利用幾何的倍平方問題（給一個正方形，求作另一個正方形，使其面積是原正方形的兩倍），對一個未受過教育的男童僕作實驗，以展示蘇格拉底教學法，即老師只負責提出問題並且參與討論，而答案必須由學生自己提出來。從而，支持蘇格拉底所主張的「知識的回憶說」(the recollection theory of knowledge)，即知識不是從外而來的填鴨，而是由內在的啟發，讓學生自己撥開雲霧，自然浮現出潛藏的知識。倍平方問題事實上涉及畢氏定理的特例（等腰直角三角形）與 $\sqrt{2}$，這在數學史上扮演了很重要的角色。

　　第三個與第四個故事的主角是創立歐氏幾何的歐幾里得本人。有一天，托勒密 (Ptolemy) 國王問他，學習幾何有沒有捷徑？歐氏回答說：「在現實世界中，有兩種道路，一種是平民走的普通道路，另一種是專門保留給國王走的皇家大道。但是，在幾何學之中，並不存在皇家大道。」

　　經過約兩千年，笛卡兒 (Descartes) 與費瑪 (Fermat) 發明解析幾何，有人說：**「解析幾何就是幾何學的皇家大道。」**另一方面，笛卡兒最強調**方法論** (methodology)，主要是受到歐氏幾何的啟發。心理分析家弗洛伊德 (Freud) 也說：「夢是通向潛意識的皇家大道」。

　　其次，有一位學生跟歐氏學習幾何，學了第一個定理之後就問道：「我學這些東西，可以得到什麼好處？」歐氏堅持，求知本身就是一件值得做的事情，於是對僕人說：「給這個人一個錢幣，因為他希望從學習中得到利益。」這跟畢氏學派的一句格言有異曲同工之趣：**「一個圖就是知識的一步進展，而不是一個圖值一個錢幣」**。

美妙的幾何經驗

　　英國的數學家兼哲學家與諾貝爾文學獎得主羅素 (B. Russell)，他在自傳中寫道：「在 11 歲時，哥哥開始教我幾何學。這是我這一生中最重大的事件之一，像初戀一般如醉如痴。我很難想像世界上還會存在有比這更甜美的事情。」他又說：「數學最讓我欣喜的是，事物可以證明」。

　　幾何提供證明的樂趣，說理的標準。這對於生活在同一時代，並且同在劍橋大學任教的兩位好朋友羅素與哈第（Hardy，數學家），他們都同樣醉心於數學證明的魅力。最著名的故事是，有一天兩人碰面，哈第對羅素說：「如果我可以證明羅素在五分鐘內會死掉，那麼我會因為失去一位好朋友而悲傷，也會因為得到證明而狂喜。但是，兩者相比，前者簡直是微不足道。」羅素聽了之後，一點都不以為忤，甚表同感，兩人共心通靈，拈花微笑。

　　物理學家愛因斯坦，他在自傳中描述第一次接觸歐氏幾何時，對其邏輯結構的驚奇與激賞：「在 12 歲時，我經驗了第二次完全不同的驚奇（第一次是 4 或 5 歲時，對羅盤針恆指著南北向，感受到空間神祕的驚奇）。在學年的開始，一本講述歐氏平面幾何的神聖小書到達我的手上，裡面含有命題，例如三角形的三個高交於一點，這絕不顯明，但卻可以證明，而且是如此的明確以至於任何懷疑都不可能產生。這種清澈與確定性讓我留下不可名狀的印象。至於公理必須無證明地接受，這對我並不構成困擾。無論如何，如果我能夠將證明安置在似乎不可懷疑的命題上，我就很滿意了。例如，我記得在『神聖幾何小書』到達我的手上之前，叔叔告訴我畢氏定理。經過了許多的努力，利用相似三角形的性質，我終於成功地證明了這個定理。在做這個工作時，我用到：『直角三角形的邊之關係必由其一銳角完全決定。』我認為這是很『顯明的』（evident）。……至少在幾何學裡，古希臘人首次向我們顯示，只需透過純粹的思想，人就能夠獲致如此這般真確的知識，這對於第一次經驗到它的人，簡直是既神奇又美妙」。

　　歐氏幾何的推理證明系統，變成往後數學與科學理論效法的典範。一門科學發展到完成的階段，總是以推理系統的形態來展現。因此，

歐氏幾何的精神可以說是「流傳千古，向榮長青」。難怪愛因斯坦要說：
「如果歐幾里得無法點燃你年輕的熱情，那麼你生來就不是一位
科學思想家。」

　　美國女詩人米蕾 (Millay) 稱讚歐幾里得說：「只有歐幾里得洞見
過赤裸裸的美」。(Euclid alone has looked on beauty bare.)

費瑪最後定理

　　畢氏學派基於「**萬有皆整數**」的哲學觀點，欲探求方程式 $x^2 + y^2 = z^2$ 的所有正整數解答，例如 (3, 4, 5) 就是一個解答。這個問題的通解
公式為

$$x = \ell(m^2 - n^2),\ y = 2\ell mn,\ z = \ell(m^2 + n^2)$$

其中 m, n, ℓ 皆為自然數且 $m > n$。

　　接著我們很自然就會考慮 $x^n + y^n = z^n$, $n = 3, 4, 5, \cdots$ 的正整數解
答問題。費瑪在西元 1637 年左右提出大膽的猜測：「這個問題無解。」
這就是鼎鼎有名的**費瑪最後定理**。費瑪在他所研讀的書上，作眉批道：
「我已經發現了一個美妙的證明，但是由於空白處太小，所以沒
有寫下來」。

　　三百多年來，這個定理難倒了數學界，一直無法提出證明，或是
所提出的證明都是錯誤的。

　　到了西元 1963 年，英國有一位 10 歲的小孩子，名叫威利斯
(Wiles)，有一天從學校走路回家，路過一家公立圖書館，決定進去瞧
一瞧，結果發現到一本數學史家貝爾 (E. T. Bell) 所寫的《最後問題》
(*The Last Problem*)，專門討論費瑪最後定理，他被這本書迷住了。

後來威利斯回憶說:「這本書看上去如此簡單,但是過去所有數學家都解決不了。這裡有一個問題,連我這位 10 歲的小孩都能夠理解,從那個時刻起,我就下定決心:我永遠不會放棄它,我要解決它」。

威利斯經過長久的努力,在西元 1994 年提出正確的證明,延續 350 年的數學大懸案終於獲得解決。我們可以列成一個對照表,如表 9-1 所示。

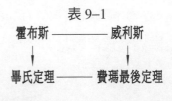

表 9-1

數學的至高真理

印度天才數學家拉曼紐將(Ramanujan,西元 1887～1920 年),小時候數學老師教他,任何數除以自己都等於 1。例如三個水果分給三個人,每個人得到一個;一千個水果分給一千個人,每個人也得到一個。拉曼紐將馬上反問老師:「但是 0 除以 0 也得到 1 嗎?沒有水果分給沒有人,每個人仍然得到一個嗎?」這讓老師回答不出來。

拉曼紐將 12 歲時,問一位就讀城裡高中的朋友:「什麼是數學的『至高真理』?」得到的回答是:「畢氏定理與股票價格的波動。」前者是說得準的定命(deterministic)結果;後者是說不準的機運(stochastic)現象,沒有明確的答案,是機率論與統計學的研究論題。顯然,拉曼紐將由前者切入數學世界。

星際溝通

長久以來科學家認為,要跟外星人打交道最佳的方法是透過數學,因為數學是最具有普遍性的認知媒介物。

　　偉大數學家高斯 (Gauss) 曾提議在撒哈拉沙漠 (Sahara desert) 上建立一座很大的畢氏定理之圖解，參見圖 9–2，作為跟外星人溝通的工具。另外，也有人建議，用電波對外太空傳送質數的數列 2, 3, 5, 7, 11, …，或圓周率 π 的數列 3, 1, 4, 1, 5, 9, …。這分別代表數學的圖像式與邏輯式、形與數、幾何與代數兩種認知的模式。

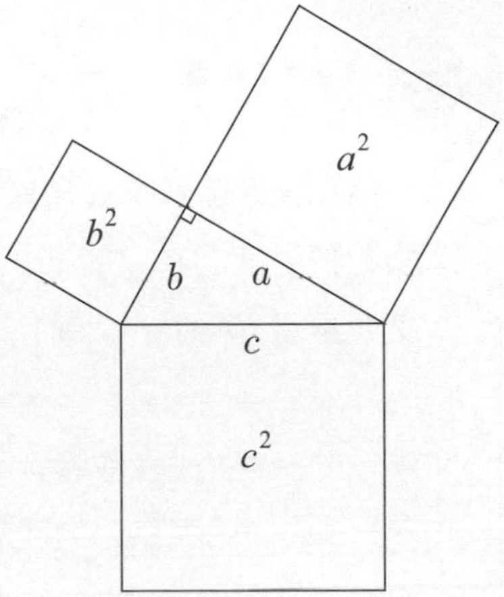

圖 9–2

　　上述構想的基本假設是：我們相信在外星人的數學教科書上必有畢氏定理（當然名稱不同），並且內容跟我們的完全一樣。復次，任何具有文明與智慧的外星種族，應該都熟知質數與圓周率，而且他們的圓面積公式仍然是 $A = \pi r^2$（記號可能不同）。由此我們更能體會物理學家費曼 (Feynman) 所強調的「**認識鳥的名稱不等於認識鳥**」。教育不應只是「背記名姓」與「多識鳥獸草木之名」而已。

　　上述假設合理嗎？跟外星人打交道的問題，讓我們有機會反省：「什麼是文明較本質 (intrinsic) 的部分？」「什麼是數學？」（哲學家常問：「什麼是哲學？」）這是一件很好的事情。目前人類已逐漸在邁向國際化，將來可能還會邁向星際化與宇宙化。在這個過程中，面對各種遭遇，希望都能夠以「溝通與了解」代替「對抗與戰爭」，數學正好可以扮演走在前端的親善角色。

Tea Time

文明的六個蘋果說

1. 亞當和夏娃的蘋果（禁果）: 代表希伯來的宗教文明;

2. 引起特洛依 (Troy) 之戰的金蘋果: 代表希臘的神話文明;

3. 威廉泰爾 (William Tell) 的蘋果: 代表人類要爭取獨立自尊的文明;

4. 牛頓的蘋果: 代表數學與科學文明;

5. 蘋果電腦: 代表電腦的資訊文明;

6. 未來的蘋果號太空船: 如果人類永續經營地球, 那麼就是乘坐太空船, 探索宇宙的奧祕; 如果人類將地球的生態環境破壞到不能居住, 只好乘坐太空船, 流浪在宇宙中, 尋找新的家園。走哪一條路, 端視人類的作為。

10

溫布頓網球賽
　　共比賽幾局？

　　運動競賽或對局遊戲，常含有數
學問題與數學思想要素，值得探討。
筆者喜打網球，我們就舉網球賽的簡
單例子來說明。

　　每年 6 月，在網球的發源地──英國的溫布頓 (Wimbledon)，都要舉行一次網球大賽，全世界的高手都以能參加這項比賽為榮，同時也吸引了全球的網球迷。

　　網球在比賽時，球的運動涉及**力學**，選手的球技與球運導致的勝算涉及**機率論**，探求比賽的局數會涉及一些中學的基礎數學。一般而言，網球賽皆採單淘汰制，直到冠軍產生為止，我們要問一共比賽幾局？這就是本節所要探討的問題。我們假設每位選手輸一局就被淘汰，因此這跟實際的比賽情形不同。

　　從對局遊戲中學習數學，不失為一個方便之門。

系統地點算

　　假設有 $1025 (= 2^{10} + 1)$ 位選手參加網球賽，利用抽籤以決定兩個兩個一組比賽，落單的選手無條件進入下一輪，那麼每一輪的比賽局數與所剩的選手人數如表 10–1。

表 10–1

第　一　輪	比賽 $512 = 2^9$ 局	剩下 513 人
第　二　輪	比賽 $256 = 2^8$ 局	剩下 257 人
第　三　輪	比賽 $128 = 2^7$ 局	剩下 129 人
第　四　輪	比賽 $64 = 2^6$ 局	剩下 65 人
第　五　輪	比賽 $32 = 2^5$ 局	剩下 33 人
第　六　輪	比賽 $16 = 2^4$ 局	剩下 17 人
第　七　輪	比賽 $8 = 2^3$ 局	剩下 9 人
第　八　輪	比賽 $4 = 2^2$ 局	剩下 5 人
第　九　輪	比賽 $2 = 2^1$ 局	剩下 3 人
第　十　輪	比賽 $1 = 2^0$ 局	剩下 2 人
第十一輪	比賽　1　局	剩下冠軍者

比賽的局數基本上是一個等比數列，因此，總共的局數為

$$1 + 1 + 2 + 2^2 + \cdots + 2^9 = 1 + \frac{2^{10} - 1}{2 - 1} = 2^{10} = 1024$$

如果參賽者為 114 人，那麼總共又比賽幾局呢? 由表 10–2，總共的比賽局數為

$$57 + 28 + 14 + 7 + 4 + 2 + 1 = 113$$

表 10–2

第一輪	比賽 57 局	剩下 57 人
第二輪	比賽 28 局	剩下 29 人
第三輪	比賽 14 局	剩下 15 人
第四輪	比賽 7 局	剩下 8 人
第五輪	比賽 4 局	剩下 4 人
第六輪	比賽 2 局	剩下 2 人
第七輪	比賽 1 局	剩下冠軍者

如果參賽者較少，例如有 13 人，我們可以利用**樹枝圖** (tree diagram) 來求算總共比賽的局數 (圖 10–1)。因此，共比賽 $6 + 3 + 2 + 1 = 12$ 局。

數學家往往不以解決幾個特例為滿足，最好是能夠解決整類的問題，追求一般問題的解答。

現在我們考慮一般問題: 假設選手有 n 人 (n 為自然數)，問總共比賽幾局?

此時，要按上述的「**系統地點算**」方法，就不切實際，比較麻煩。

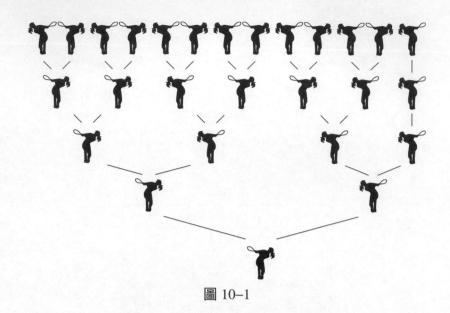

圖 10-1

歸納法與數學歸納法

　　在數學中，探求未知，除了代數方法，還有歸納法。**所謂歸納法就是，經由一些特例的觀察，以猜測出一般規律的思想飛躍過程。**猜測所得的結果，可能對，也可能錯，對或錯必須透過證明或舉反例來建立。

　　由上述的特例：1025 人比賽 1024 局，114 人比賽 113 局，我們警覺地發現：局數恰好比人數少 1。這個規律是否普遍適用呢？讓我們更有系統地觀察其他特例：

(i)　1 人時，不必比賽，是 0 局。

(ii) 2 人時，當然比賽 1 局。

(iii)3 人時，顯然比賽 2 局。

(iv)4 人時，一共比賽 3 局。

有了這些特例的觀察，我們情不自禁要猜測：n 個人參賽，一共就比賽 $n-1$ 局。

但是，我們千萬不要忘記下面著名的歸納例子：

$$1 < 100, 2 < 100, \cdots, 99 < 100$$

觀察這 99 個特例，我們猜測：凡是自然數皆小於 100。這顯然是錯的。

一般而言，涉及自然數的歸納結果，通常就用**數學歸納法**來證明。下面我們就來證明上述的猜測。

令 $C(n)$ 表示 n 個人參賽一共比賽的局數，我們要證明：

$$C(n) = n - 1, \forall n \in \mathbb{N} \tag{1}$$

1.當 $n = 1$ 時，顯然

$$C(1) = 0 = 1 - 1$$

故(1)式成立。

2.假設 $n = 1, 2, \cdots, m$ 時，(1)式皆成立，即

$$C(n) = n - 1, \forall n = 1, 2, \cdots, m$$

我們要證明 $C(m + 1) = m$。

將 $m + 1$ 人分成兩群，各有 m_1 與 m_2 人，其中 $m_1 + m_2 = m + 1$，並且 $m_1 \geq 1, m_2 \geq 1$。由歸納假設知

$$C(m_1) = m_1 - 1, C(m_2) = m_2 - 1$$

兩群人各產生冠軍後，兩位局部冠軍再比賽一局，就得到全體的總冠軍，所以

$$C(m + 1) = C(m_1) + C(m_2) + 1 = m_1 + m_2 - 1 = m$$

由強型數學歸納法，我們得證(1)式。

我們要特別強調，歸納法是一種發現真理的方法(不過可能犯錯)，而數學歸納法是一種演繹的證明方法。兩者雖有一點兒關係，但是本質上不同。

關於歸納法，我們引述波利亞 (G. Pólya) 在他的 *Induction and Analogy in Mathematics* 一書中的一段有趣的對話。邏輯家、數學家、物理學家與工程師四個人聊天，邏輯家先嘲笑數學家說：「看那位數學家，他觀察 1 到 99 的數都小於 100，於是就應用他所謂的『**歸納法**』得到所有自然數皆小於 100 的結論。」數學家說：「看那位物理學家，他竟相信 60 可被所有的自然數整除，理由是：他觀察過 60 可被 1, 2, 3, 4, 5, 6 整除，並且也可被他『任取』的 10, 20 與 30 整除，故他相信**實驗的證據**充分可以支持他的論點。」然後物理學家開腔了：「是的，但是你看那位工程師，他認為所有的奇數都是質數，理由是：1 可視為質數，而 3, 5, 7 也都是質數，可恨的是 9 不是質數，但這是**實驗誤差**所致，你看 11 與 13 又是質數了。」

觀點的轉換與抓住本質

退一步，海闊天空。解決一個問題時，變換觀點，常會大放光明。

對於「n 個人參賽，一共比賽幾局」這個一般問題，除了上述的歸納解法之外，我們還可以採取下面更簡潔的論證：與其從比賽局數來看，不如改從淘汰人數切入。由於是單淘汰賽，故每淘汰一人就是比賽過一局。今一共淘汰 $n-1$ 個人才得到冠軍，所以一共比賽 $n-1$ 局。

這個論證乾淨俐落，巧妙又漂亮，如詩如畫。

一題多解，讓我們徹底了解整個問題的各層面，錘煉數學的各種概念與方法。

雙淘汰問題

如果將上述問題中的「**單淘汰**」改為「**雙淘汰**」，亦即一位選手累積輸兩局就淘汰，那麼 n 個人參賽，直到冠軍產生為止，一共比賽幾局?

這個問題的求解，以採用「淘汰人數」的觀點最方便，其它的方法都相當麻煩。

因為有 $n-1$ 個人遭到淘汰，其狀況如下:

(i) 若每個人皆輸兩局，而沒贏過，則總共比賽過 $2(n-1)$ 局。這是最少的可能局數。

(ii) 若每個人皆輸兩局，贏一局，則總共比賽過 $3(n-1)$ 局。這是最多的可能局數。

因此，總共比賽過的局數 N 為

$$2(n-1) \leq N \leq 3(n-1)$$

兩個練習題

學習游泳最好的方法就是親自下水練習，學習數學亦然，對於好的問題，要有獨立地且徹底地想出來的經驗。

我們提出兩個問題，供讀者練習「頭腦的體操」，並且請用至少兩種方法求解。

✐ 練習題

1. 有一汽艇，在靜水中的速度是 10 公里／時，此汽艇在流速為 6
公里／時的河中逆流而上，有一乘客的帽子掉到水裡，半小時後才
發覺，於是汽艇馬上調頭(不計調頭所費的時間，也不考慮加速度)，
問需多久才追到帽子？參見圖 10–2。

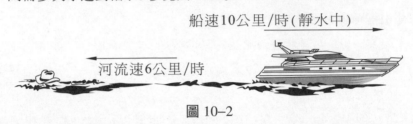

船速10公里/時(靜水中)

河流速6公里/時

圖 10–2

2. 假設有兩列對開的火車，相距 100 公里，右列火車的速度為 60
公里／時，左列火車的速度為 40 公里／時。今有一隻機動的鴿子，
跟左列火車一齊出發，爾後在兩列火車之間來回地飛。又假設鴿子
的速度是 80 公里／時，並且反轉的瞬間速度不變。問當兩列火車相
遇時，鴿子共飛了多少距離？參見圖 10–3。

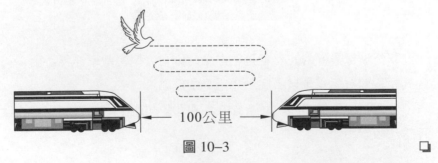

100公里

圖 10–3

關於練習題 2，有一則故事：有人問數學家馮紐曼（Von Neumann，
西元 1903～1957 年）這個問題時，題目一說完，他就給出答案了。「你

一定知道竅門！」馮紐曼回答說：「什麼竅門？我的答案是直接計算無窮級數的和得到的。」

馮紐曼與波利亞 (G. Pólya) 都是匈牙利出身的數學家，並且後者是前者的老師。波利亞曾經說過，馮紐曼是他唯一害怕的學生，因為在上課中，每有未解決問題拋出，下課後馮紐曼就提出答案了。這真正是「後生可畏」！

結　語

益智遊戲問題不但有趣，而且還可以從中開發出美妙的觀點。透過好的問題，容易展示數學的精神與方法，讓數學更生動活潑、平易近人。

印象派畫家莫內（C. Monet，西元 1840～1926 年）說得好：「**對我來說，題材只是次要的，我想要表達的是我和題材之間一種活的東西。**」類推到數學：雖不能至，但心嚮往之。

Tea Time

在數學中，我們經常是從某個顯明的事實出發，然後推導出較不顯明的事實，再推導出更不顯明的事實，不斷地走下去，永不止息。

因此，Hilbert 說：「做數學的要訣，在於找到那個特例，它含有所有一般性的胚芽。」(The art of doing mathematics consists in finding that special case which contains all the germs of generality.) 他又說：「在做數學問題時，我相信特殊化比一般化扮演著更重要的角色」。

11

談Heron公式

　　三角形是最基本的幾何圖形，它
有各式各樣的面積公式，端視所給的
條件而定。已知三個邊，就有頂漂亮
的 Heron 公式。本節我們展示，如何
發現 Heron 公式的思路過程。基本上，
探索是從無窮可能中選一的工作，所
得到的一，又含納無窮（Heron 公式適
用於所有三角形），這是數學的美妙所
在。

問題是數學發展的靈魂、思考的起點

❷ 問題：

> 一個農夫有一塊三角形的田地，測量三邊的長，結果是 13, 14, 15 公
> 尺，問面積是多少？

　　許多同學回想起，似乎有一個 Heron 公式可以派上用場，但是卻
忘記了它的精確表達式。這真是不幸中的大幸，怎麼說呢？如果唸數
學只求背記公式，然後套公式，那根本得不到數學的樂趣，是在糟蹋
數學。公式是尋求出來的。不求甚解的背記，只會阻礙思想的靈動，
因此最好忘掉公式。這正好提供給我們追尋「如何想出、猜出一個公
式」的契機。

　　與其求解上述問題，毋寧就來追尋一般三角形的面積公式。常言
道「**挖一筍不如挖整簇的筍**」，因為兩件工作的費力程度差不多。尤
其是，數學家的志向都放在追尋「萬人敵」上面，既找尋能夠解決一
類含有無窮多個問題的處方，而不屬於「一人敵」（參見：《史記》項
羽的故事）。引用數學家鍾開萊的話來說就是：「數學家較傾向於建立
消防站而少於去滅火。」(Mathematicians are more inclined to build fire
station than to put out fires.) 因此我們提出

❷ 一般問題：

> 已知三角形三邊為 a, b, c，如何求其面積？

　　在科學的求知活動過程中，提出一般問題，乃至一連串相關的問

題扮演著關鍵性的角色。正如 B. Russell 所說:「**哲學開始於有人提出一般性的問題, 科學亦然**」(Philosophy begins when someone asks a general question, so does science. 參見: Wisdom of the West 一書)。不過要注意到問好的問題是一門藝術。問得太淺則無趣, 太深做不出來, 也構成挫折。歷史上, 蘇格拉底 (Socrates) 最會提問題, 而有所謂的蘇格拉底教學法。

有了明確的問題, 數學的求知活動通常可分成兩個階段:

1. **發現的階段** (the context of discovery): 即尋求解答, 猜測出公式。
2. **驗證的階段** (the context of justification): 即檢定所猜測之公式, 否證它或證明它。

前者是創造性思考的主力戰場, 後者是戰場的邏輯清理。

如何想出、猜出公式?

我們由特殊的 13, 14, 15 三角形, 飛躍到任意 a, b, c 三角形, 通常學生的反應是「不知從何下手」。事實上, 「如何想出公式 (心理上的理由)」是最困難的, 也是最有趣的。近代科學哲學 (philosophy of science) 常爭論的一個問題是: 有沒有 "the logic of discovery" 這件事? 即科學發現有沒有理路可循? 分成正、反兩陣營, 各執一詞。最有趣的是, K. Popper 站在反方, 但是他的經典名著卻是 *The Logic of Scientific Discovery*。

按思考的常理, 「登高必自卑, 行遠必自邇」, 那麼我們就由特例切入, 再逐步尋幽探徑吧!

令 $S = S(a, b, c)$ 表示三邊為 a, b, c 的三角形之面積，這是一個三變數的函數。我們的目標就是追尋出 $S(a, b, c)$ 的精確表式。我們先考慮下面兩種特例：

例 1：

直角三角形

$$S(a, b, c) = \frac{1}{2}ab$$

注意到在圖 11-1 中，c 不必用到，透過畢氏定理它由 a, b 決定。

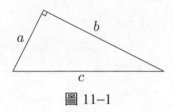

圖 11-1

例 2：

等邊三角形 $a = b = c$

因為 $h = a \sin 60° = \frac{\sqrt{3}}{2}a$

所以 $S(a, b, c) = \frac{1}{2}c \cdot h = \frac{\sqrt{3}}{4}a \cdot c$

$$= \frac{\sqrt{3}}{4}a^2$$

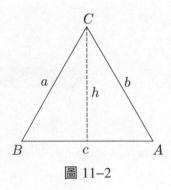

圖 11-2

再來似乎就不易開展，不過有這兩個例子當底子，膽子壯了許多。我們進一步分析例 2，事實上我們用到了三角形的面積公式 $\frac{1}{2}$（底 × 高）以及高 $h = a \sin B$。這些對於任意三角形也都成立！因此對於任意三角形，若知道兩邊及其夾角，就知道面積了。

例 3：

已知兩邊及其夾角 (S.A.S.) 的三角

形面積公式：在圖 11–3 中

$$S = \frac{1}{2} ac \sin B$$

$$= \frac{1}{2} ab \sin C$$

$$= \frac{1}{2} bc \sin A$$

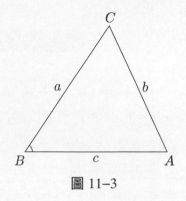

圖 11–3

　　這雖不是我們所要的公式，但是卻提供給我們作一般思索的啟示。三角形有三個邊，三個角，一共六個要素，它們並非完全獨立，例如三內角和為一平角，這是**角的守恆定律**。另外，正弦定律

$$\frac{a}{\sin A} = \frac{b}{\sin B} = \frac{c}{\sin C} = 2R$$

其中 $2R$ 是三角形外接圓之直徑以及餘弦定律

$$a^2 = b^2 + c^2 - 2bc \cos A$$

$$b^2 = c^2 + a^2 - 2ca \cos B$$

$$c^2 = a^2 + b^2 - 2ab \cos C$$

是更細緻的邊角關係，將三角形的六個要素化約成獨立的三個。因此只要知道適當的某三個要素，就唯一決定了三角形，例如 S.A.S.,A.S.A., A.A.S., S.S.S.，這就是所謂的三角形的穩固性，四邊形以上則無此相應的性質。順理成章地，利用適當三個要素就可以表達出三角形的面積，上述例 3 就是一個典型代表 (S.A.S.)。此地我們要找的是相應於 (S.S.S.) 的三角形面積公式。

如何找尋 $S(a, b, c)$？

在數學中，常見的有**描述性的** (descriptive) 與**建構性的** (constructive) 兩種對偶的 (dual) 辦法。例如，代數方法就是一種描述性的辦法，把要找的東西，設定為未知數 x，然後分析 x 具有什麼性質（即線索），根據這些線索，列出方程式（編網）捕住 x，再解方程式（解開網子）得 x。比較起來，算術之求得答案是建構性的辦法（往往比較難），根據線索直接就把答案算出來。事實上，兩法應該相輔為用才對。

在日常生活中，對一件事情描述得夠細膩，就完全清楚掌握住該事情，數學亦然。

❷ 問題：

$S(a, b, c)$ 具有什麼特徵性質呢？

原則上，三個變數的函數 $S(a, b, c)$ **有無窮多個可能**，我們要從中選取**唯一正確**的那一個（我們相信它是存在的）。為此，我們先投石問路，假設 $S(a, b, c)$ 是多項式。

一、對稱性的觀察

三角形三邊 a, b, c 任意交換，它的面積不變。亦即

$$S(a, b, c) = S(b, c, a) = S(c, a, b) = \cdots \text{ 等等}$$

我們要強調，**對稱性的觀察與思考一直都是數學思考的核心**。有了這一條線索，我們就可以提出各種**猜測** (conjectures)。

❷ 問題：

    a, b, c 之對稱式有哪些？

我們馬上可以列出許多：

    一次對稱式 $a + b + c$

    二次對稱式 $a^2 + b^2 + c^2$, $ab + bc + ca$, $(a + b + c)^2$

    三次對稱式 $a^3 + b^3 + c^3$, $(a + b + c)(ab + bc + ca)$, $abc \cdots$ 等等。

❷ 問題：

    $S(a, b, c)$ 會是這些當中的哪一個？

有了**猜測**就必須加以**檢驗 (test)**。我們也要強調，有主意 (idea)，即使是餿主意，也比沒有主意好。下面我們只檢驗一個情形：令 $S(a, b, c) = K(a^2 + b^2 + c^2)$，$K$ 為待定常數；今已知 $S(1, 1, 1) = \dfrac{\sqrt{3}}{4}$，故 $K = \dfrac{\sqrt{3}}{12}$：

$$\therefore S(a, b, c) = \frac{\sqrt{3}}{12}(a^2 + b^2 + c^2)$$

這是否就是我們所要的公式呢？它具有對稱性，並且適合 1, 1, 1 之三角形。但是很容易驗知，它並不適合 3, 4, 5 之三角形。仿此，其它情形也都不成。

事實上，我們可以採用第二條線索來幫助我們找尋與簡化驗證的工作，那就是物理學上的**量綱分析** (dimensional analysis，千萬不可翻譯成「維的分析」，線性代數中的 dimension 才是維)。

二、量綱的觀察

面積的量綱是長度的平方 (L^2)，因此我們不會去試一次及三次以上的對稱式，只能從二次對稱式中選出。比較經驗老到的人也許會嘗試

$$S(a, b, c) = K\sqrt{(a+b+c)(a^3+b^3+c^3)}$$

這個式子符合對稱性且量綱為 L^2，不過試的結果還是不成。

也許我們沒有試盡所有 a, b, c 之二次對稱式（量綱為 L^2）。如果二次對稱式有無窮多種，以有涯的人生，怎麼試得完呢? 顯然我們需要再找另一線索: **極端特例的觀察!**

三、邊界條件的觀察

若 $a+b=c$ 或 $b+c=a$ 或 $c+a=b$，那麼三角形的面積為 0。由因式定理知，$S(a, b, c)$ 必有 $a+b-c, b+c-a, c+a-b$ 之因子。這實在是一條美麗的線索。個別的因子不對稱，三者乘起來就對稱了。因此 $(a+b-c)(b+c-a)(c+a-b)$ 是一個較深刻的三次對稱式。

那麼 $S(a, b, c) = K(a+b-c)(b+c-a)(c+a-b)$?由量綱考慮立知不成。雖不成，但我們確知已抓到了一些真實的要素。為了將量綱調成 L^2，我們試

$$S(a, b, c) = K[(a+b-c)(b+c-a)(c+a-b)]^{\frac{2}{3}}$$

首先，這個公式「不漂亮」(ugly)，並且試的結果也不成。

欲將量綱為 L^3 的 $(a+b-c)(b+c-a)(c+a-b)$ 修飾成 L^2 有各種辦法。除了上式的辦法之外，也許乘以一個長度 L 變成 L^4，再開平方是個好主意。所乘的這個長度當然是要為 a, b, c 之對稱式，最自然而簡單的選擇就是 $a+b+c$。因此我們提出大膽猜測 (bold conjecture)：

$$S(a, b, c) = K\sqrt{(a+b+c)(a+b-c)(b+c-a)(c+a-b)}$$

其中 K 為待定常數。

此式符合**對稱性**，**邊界條件**，並且量綱為 L^2。我們先用特例決定出 K：考慮 $3, 4, 5$ 之直角三角形，得

$$6 = K\sqrt{12 \times 2 \times 4 \times 6}, \quad \therefore K = \frac{1}{4}$$

因此

$$S(a, b, c) = \frac{1}{4}\sqrt{(a+b+c)(a+b-c)(b+c-a)(c+a-b)} \qquad (1)$$

這就是我們所要的公式嗎? 到目前為止，我們只能說：可能是也可能不是。

我們進一步來試驗(1)式，此時有兩樣心情，怕(1)式被否證掉，也怕驗證不完（三角形有無窮多種）。

對於等邊三角形的情形，已知其面積為 $\frac{\sqrt{3}}{4}a^2$，由(1)式與 $a = b = c$ 亦得

$$\frac{1}{4}\sqrt{3a \times a \times a \times a} = \frac{\sqrt{3}}{4}a^2$$

故(1)式確為等邊三角形的面積公式。

其次檢驗直角三角形的情形：$c^2 = a^2 + b^2$。已知其面積為 $\frac{1}{2}ab$，另一方面由公式(1)得

$$\frac{1}{4}\sqrt{(a+b+c)(a+b-c)(b+c-a)(c+a-b)}$$

$$= \frac{1}{4}\sqrt{[(a+b+c)(a+b-c)][c+(b-a)][c-(b-a)]}$$

$$= \frac{1}{4}\sqrt{[(a+b)^2 - c^2][c^2 - (b-a)^2]}$$

$$= \frac{1}{4}\sqrt{(a^2 + b^2 + 2ab - c^2)(c^2 - b^2 + 2ab - a^2)}$$

$$= \frac{1}{4}\sqrt{2ab \times 2ab} \qquad (\because c^2 = a^2 + b^2)$$

$$= \frac{1}{2}ab$$

因此(1)式確為直角三角形的面積公式。

至此我們有更強的理由相信(1)式可能就真的是三角形的面積公式。不過在未證明之前，我們不敢確定。此時我們倒是很想找到一個能夠**否證 (falsify)** 掉我們的猜測的怪例。不過，試了很多例子，一直沒有成功。那麼我們就嘗試去證明(1)式吧！

這裡我們走到了數學與其它學問之間最重要的一個分歧點：**數學需要有證明**(否則頂多只是美麗的空思夢想)，**其它學問則沒有證明**。這是數學迷人的理由之一，請看 B. Russell 的說法：「**在數學中最令我欣喜的是事情能夠被證明。**」(What delighted me most about mathematics was that things could be proved.)

證明所猜測的公式

經過上述的**分析與思考、試誤** (trial and error)，得到一個很可能成立的猜測公式，現在要來證明就變得容易多了。

首先我們將(1)式整理得漂亮一點，不要忘了數學是講究美感的。

令 $s = \frac{1}{2}(a+b+c)$，則 $\frac{1}{2}(a+b-c) = s-c$，$\frac{1}{2}(b+c-a) = s-a$，$\frac{1}{2}(c+a-b) = s-b$，從而(1)式變成

$$S(a, b, c) = \sqrt{s(s-a)(s-b)(s-c)} \tag{2}$$

這樣清爽多了。

如何證明(2)式呢？

如圖 11–4，由 S.A.S. 的三角形面積公式

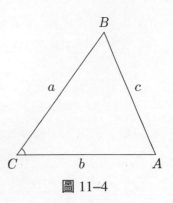

圖 11–4

$A = \dfrac{1}{2}ab\sin C$ 兩邊平方

$$S^2 = \dfrac{1}{4}a^2b^2\sin^2 C$$

$$= \dfrac{1}{4}a^2b^2(1 - \cos^2 C)$$

由餘弦定律 $\cos C = \dfrac{a^2 + b^2 + c^2}{2ab}$，代入上式得

$$S^2 = \dfrac{1}{4}a^2b^2\dfrac{4a^2b^2 - (a^2 + b^2 - c^2)^2}{4a^2b^2}$$

$$= \dfrac{1}{16}[(2ab + a^2 + b^2 - c^2)(2ab - a^2 - b^2 + c^2)]$$

$$= \dfrac{1}{16}[(a + b)^2 - c^2][c^2 - (a - b)^2]$$

$$= \dfrac{1}{16}(a + b + c)(a + b - c)(c + a - b)(c + b - a)$$

$$= s(s - a)(s - b)(s - c)$$

$$\therefore S = \sqrt{s(s - a)(s - b)(s - c)} \qquad \text{\textit{Eureka! Eureka!}}$$

當然還可以有其它各種證法。當初 Heron 是採用純幾何的證法，作了好幾條補助線，論證堪稱精巧美妙。在此我們不預備介紹，請讀者參考數學史的文獻。另外，根據數學史，比 Heron 更早的阿基米德 (Archimedes) 已得到這個公式。

現在我們可以充滿著喜悅地寫出我們所重新發現的真理：

定理：（Heron 公式）

　　已知三角形的三邊長為 a, b, c，則其面積為
$$S(a, b, c) = \sqrt{s(s - a)(s - b)(s - c)}$$
　　其中 $s = \dfrac{1}{2}(a + b + c)$ 表示三邊長之和的一半。

註：這個公式表示，農夫繞三角形田地一周，計算一下每一邊的步數，
就知道田地的面積了！

我們做一下綜合整理。令
$$D = \{(a, b, c) \mid a, b, c \geq 0, a + b \geq c, b + c \geq a, c + a \geq b\}$$
那麼三角形的面積就是定義在 D 上的一個實值函數
$$S : (a, b, c) \in D \to S(a, b, c) \in \mathbb{R}$$
顯然 A 滿足下列性質：

(i) **正性：** $S(a, b, c) \geq 0$。

(ii) **對稱性：** $S(a, b, c) = S(b, c, a) = S(c, a, b) = \cdots$ 等等。

(iii)**量綱條件：** $S(a, b, c)$ 的量綱為 L^2（即長度的平方）。

(iv)**邊界條件：** $a + b = c$ 或 $b + c = a$ 或 $c + a = b$ 時，$S(a, b, c) = 0$；並
且 $S(1, 1, 1) = \dfrac{\sqrt{3}}{4}$, $S(3, 4, 5) = 6$。

(v) **尺度伸縮：** $S(ta, tb, tc) = t^2 S(a, b, c)$，其中 $t \geq 0$。

我們利用這些性質的幫忙來猜測出公式
$$S(a, b, c) = \sqrt{s(s - a)(s - b)(s - c)}$$
這有我們的創造力加上苦功的成分，因為我們並不是由 (i) 至 (v) 的性
質邏輯地推導出上式。科學哲學家中主張沒有 "the logic of discovery"
這一派最主要的論點是：一般而言，科學的發現或發明都不是用邏輯推
導出來的，而是必須**對一些經驗與線索產生共鳴的了解**，加上**創造
想像力**的要素才得到的；但是創造想像力是沒有機械規則可循的。牛
頓發現的萬有引力定律，絕不是從 Kepler 三定律邏輯地推導出來的。
話說回來，數學中到處都有發現的契機，只要善加開發就可得到發現
的喜悅。

推論與推廣

回到本節最初的問題，三邊是 13, 14, 15 公尺的三角形之面積為

$$S(13, 14, 15) = \sqrt{21 \times 6 \times 7 \times 8} = 84 \text{ m}^2$$

其次我們舉出兩個比較有趣的推論。第一是，利用 Heron 公式，可以推導出畢氏定理：設直角三角形 a, b, c 中 c 為斜邊，由

$$\sqrt{s(s-a)(s-b)(s-c)} = \frac{1}{2}ab$$

兩邊平方，再代入 $s = \frac{1}{2}(a+b+c)$，化簡就可得到 $c^2 = a^2 + b^2$。

第二是，利用 Heron 公式可以證明在周界一定的三角形中以等邊三角形的面積為最大。（習題）

另外，將 Heron 公式類推、推廣到四邊形的情形也很有趣，可以仿照上述的討論方式，曲徑通幽，走到一個美麗的天地。這是一個很好的思考論題，讀者何不自己試一試。

檢討與後記

數學中的公式、定理絕不是從天而降，然後就要我們去證明，去套用。由上述三角形面積公式之追尋過程來看，起先是在一個有趣問題引導下，我們來到了所有三角形的茫茫大海，我們相信有個美麗的公式浮在其上（相當於我們相信大自然有秩序、規律可循），於是開始了追尋與發現的思想探險之旅，這包括了提出更多的問題(叩問自然)、分析、類推、歸納、試誤、想像……等辛苦的工作。面積公式絕不會孤立在那裡，它必定會透露出一些線索，如對稱性、量綱、邊界條件

等等。這些線索往往就足夠我們做尋幽探徑的工作。(古希臘人相信大自然不顯露也不故意隱藏，但她會透露出一些線索、端倪。)教師應提示各種線索，讓學生自己飛躍到猜測，親嚐發現的喜悅。我認為這是教育最有意義、最有價值的所在。若去掉這部分，教育就變成醬化人的工具。在辛苦工作之後，得到猜測，要證明或否證，差不多就是順理成章的事。能夠通過證明的才變成公式或定理。有這整個過程的數學學習，才算完整，才會有趣。

準此以觀，背記與套用公式並不是數學，即使再加上會邏輯證明也只是學到數學的皮毛。在這樣的層次，只得到數學的苦，根本嚐不到數學的樂。唸數學得不到樂趣，當然不想唸它，這是合理而且可以理解的。青少年放棄數學，其實也被數學遺棄，這是很可惜而遺憾的事。

唸數學一定要提昇到「發現的層次」，真正的思想火花、趣味、美妙都在這裡發生。只要嚐過一次發現的喜悅，必定會欲罷不能的，這是人生最寶貴的經驗。教師有重責大任幫忙學生獲取這個經驗。

後記：感謝楊維哲教授提供寶貴意見，並且給了如下精緻的跋：

在數理科學中，時常有「刻劃」問題。例如，對於一個高三同學來說，把**行列式**刻劃成：N 個 N 維向量的函數，謂之**定準**，它具有 (個別的，**多重的**) **線性，交錯性** (或自殺性)，以及一個**規範性**。這種刻劃對於較優秀的學生來說是有趣的，有啟發性的。

不過 Heron 公式似乎不能歸類為刻劃。面積函數 $S(a, b, c)$ 並非一個多項式函數；雖則它是個足夠簡單的代數的無理函數。如果改而考慮其平方，那麼 S^2 是齊 4 次多項式函數。

　　三角形的性質中，最重要的是「兩邊和大於第三邊」。因之，$b+c-a>0$。事實上，$b+c-a=0$ 可以認為是一種極限情形，此時三角形「退化」了，因而 $S^2=0$，故一個合理（?）的猜測是 S^2 含有 $(b+c-a)$ 的因式，於是也含有 $(c+a-b)(a+b-c)$。如此，尚有一次因式，那就「只好是」$(a+b+c)$ 了，故

$$S^2=(a+b+c)(b+c-a)(c+a-b)(a+b-c)\cdot 常數$$

也許這是值得和學生們提一下的——並不是只有證明（proof）才是數學，像樣的**猜測推理**（plausible reasoning）也是數學。

☕ **Tea Time**

You cannot understand a theory unless you know how it was discovered.

——E. Mach——

There is nothing more practical than a good theory.

——L. E. Boltzmann——

The unity of all science consists alone in its method, not in its material.

——K. Pearson——

All reality is one in substance, one in cause, one in origin.

——G. Bruno——

學苟知本，六經皆我註腳。

——陸象山——

From the consideration of examples, one can form a method.

Each problem that I solved became a rule which served afterwards to solve other problems.

——R. Descartes——

The moving power of mathematics is not reasoning but imagination.

——De Morgan——

12

古埃及的
四邊形面積公式

四邊形的邊長為 a, b, c, d，它的面積是多少？對於這個問題的探索，從巴比倫與古埃及人就開始，到七世紀印度的婆羅摩笈多（Brahmagupta）才完成，其間經歷了數千年之久，值得我們作一番尋根與發現之旅。

在西元前 100 年左右古埃及的
愛地富 (Edfu) 這個地方有一座太陽
神廟 (Temple of Horus)，牆壁上記載
著祭司 (廟公) 所擁有的各種四邊形
田地及其面積，例如圖 12–1 的四邊

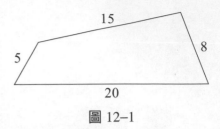

圖 12–1

形之面積為 $113 + \dfrac{1}{2} + \dfrac{1}{4}$，其中的 $\dfrac{1}{2}$ 與 $\dfrac{1}{4}$ 叫做**埃及分數**，即分子為
1 之分數。這個面積的計算方法如下：

$$\frac{5+8}{2} \times \frac{15+20}{2} = 113 + \frac{1}{2} + \frac{1}{4}$$

古埃及人的數學是從長期的生活實踐中，觀察與累積得來的。這
是一種**經驗式的、近似的、個案的知識**，既沒有理論上的考量，也
沒有證明。我們將上述的計算方法，作抽象化與一般化，就得到古埃
及人的四邊形面積公式：假設四邊形的四個邊依序為 a, b, c, d，那麼它
的面積為

$$S = \frac{a+c}{2} \times \frac{b+d}{2} \tag{1}$$

當四邊形退化為三角形（例如 $d = 0$），古埃及人也用

$$S = \frac{a+c}{2} \times \frac{b}{2} \tag{2}$$

來求算三角形的面積。例如 $(7, 8, 13)$ 的三角形之面積為 $\dfrac{7+13}{2} \times \dfrac{8}{2}$
$= 40$。

探索的發現過程

事實上，巴比倫人比埃及人早 3000 年就使用公式(1)來計算四邊形
的面積。這個公式是如何得到的？下面我們提出一個**合理的猜想**。

在所有的面積公式中，要以長方形的面積公式最基本且最簡單。
如圖 12–2，考慮長方形 $ABCD$，長為 a，寬為 b，則其面積公式為

$$S = 長 \times 寬 = a \cdot b \tag{3}$$

接著，參見圖 12–3，我們改寫長方形的面積公式為

$$S = a \cdot b = \frac{a + a}{2} \times \frac{b + b}{2} \tag{4}$$

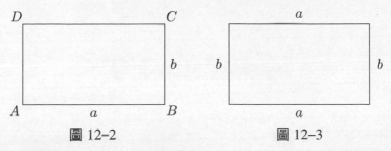

圖 12–2   圖 12–3

最後，對於圖 12–4 的一般四邊形，巴比倫人與古埃及人大膽地從(4)式
推廣成(1)式。

上述的探索過程是從兩元的 (a, b)，變成四元的 $(a, a; b, b)$ 之特
例，再飛躍到一般四元的 $(a, c; b, d)$，我們簡稱為**兩元化方法**，這在
平面幾何學中是一個很有用的觀點。

在數學史上，公式(3)還有兩個方向的推廣：

1. 古印度人將(3)式之長方形面積公式變為 $S = ab = \dfrac{ab + ab}{2}$ 由此飛躍
   到一般四邊形 (a, c, b, d)，得到面積公式為

$$S = \frac{ab + cd}{2} \tag{5}$$

2. 將一般四邊形 $ABCD$，見圖 12–5，沿對角線 $\overline{AC}$ 剪開，再將 $\triangle ACD$
   翻轉過來，成為 $\triangle ACD'$，於是四邊形 $ABCD$ 與 $ABCD'$ 的面積相
   等。對四邊形 $ABCD'$ 使用公式(5)的模式，就得到 $ABCD$ 的面積為

$$S = \frac{ac + bd}{2} \tag{6}$$

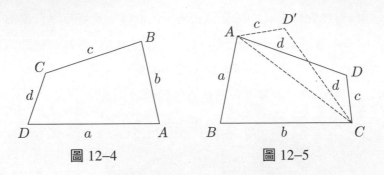

圖 12-4　　　　　　　　圖 12-5

公式的檢驗

由特例的觀察，飛躍出一般規律，叫做歸納法 (Induction)，所得的結果有時候對，有時候錯。通得過證明就對，出現反例就錯。

我們採取兩個角度來檢驗(1)式。

一、邏輯角度

如果(1)式是正確的四邊之面積，那麼(2)式就是正確的三角形面積公式。因此，如果(2)式不成立，則(1)式也不成立。

顯然，三邊為 a, b, c 的三角形面積不會是(2)式，這只需驗證特殊的直角三角形 $(3, 4, 5)$ 就知道(2)式不成立，從而(1)式不成立。

二、特例檢驗

考慮兩個 $(3, 4, 5)$ 之直角三角形，合成一個鳶形，見圖 12-6，其面積為 12，但根據(1)式卻算得面積為 $\dfrac{3+4}{2} \times \dfrac{3+4}{2} = 12\dfrac{1}{4}$。因此，這否定了(1)式。

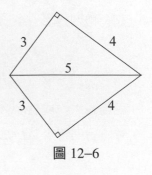

圖 12-6

練習題

1. 請你驗證(5)與(6)兩式也都是錯誤的。 ❑

進一步的探尋

雖然(1)式不是一般四邊形的面積公式（它是長方形的），但是我們可以進一步探討它的性質。

一、三角學的方法

由三角形的面積公式可知，如圖 12–4 之四邊形 $ABCD$ 的面積為

$$S = \frac{1}{2}(ab\sin A + cd\sin C) = \frac{1}{2}(bc\sin B + ad\sin D)$$

兩式相加得到

$$S = \frac{1}{4}(ab\sin A + bc\sin B + cd\sin C + ad\sin D)$$

$$\leq \frac{1}{4}(ab + bc + cd + ad) = \frac{a+c}{2} \times \frac{b+d}{2}$$

並且等號成立的充要條件是

$$\sin A = \sin B = \sin C = \sin D = 1$$

亦即

$$\angle A = \angle B = \angle C = \angle D = 90°$$

定理 1：

四邊形 (a, b, c, d) 的面積 S 滿足

$$S \leq \frac{a+c}{2} \times \frac{b+d}{2} \tag{7}$$

並且等號成立的充要條件是四邊形為長方形。

換言之，巴比倫人與古埃及人的公式(1)是四邊形的近似面積，並且是高估了。只有當四邊形為長方形時是準確的，其它的都不正確。因此，古埃及與巴比倫的統治者按(1)式來計算面積，並且徵稅，這是對老百姓的揩油。

 練習題

2.試證四邊形 (a, b, c, d) 的面積 S 滿足

$$S \leq \frac{1}{2}(ab + cd)$$

並且等號成立的充要條件為 $\angle A$ 與 $\angle C$ 皆為直角，參見圖 12–4，即 $ABCD$ 內接於一個圓。

3.試證四邊形 (a, b, c, d) 的面積 S 滿足

$$S \leq \frac{ac + bd}{2}$$

並且等號成立的充要條件是 $ABCD$ 為一個長方形。　　　　❑

二、鋪地板：綜合幾何法

我們也可以採用鋪地板的方法來證明定理 1。大家都知道，用大小相同的正多邊形鋪地板（不允許混用），只能有下列**三種樣式**，見圖 12–7，理由是三角形三內角和等於 $180°$。

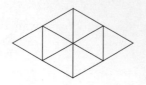 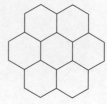

正三角形磁磚　　　　正方形磁磚　　　　正六邊形磁磚

圖 12–7

　　更進一步，在鋸木工廠裡，常可見大量的木塊廢料，選取大小與
形狀都相同的四邊形木塊，如圖 12–7，也可以鋪成地板，見圖 12–8，
這是因為四邊形的內角和為 360° 的道理。

　　觀察圖 12–9，因為 △BCE 與 △GLF 全等，△ABG 與 △HEF 也
全等，所以

$$□BEFG \text{ 的面積} = 4 \times \text{四邊形 } ABCD \text{ 的面積}$$

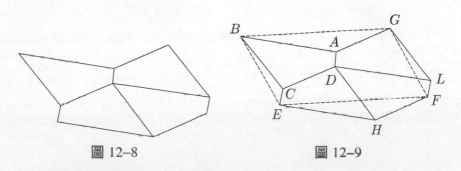

圖 12–8　　　　　　　　　　　　圖 12–9

又因為三角形兩邊之和大於第三邊（三角不等式），所以 $\overline{BG} \leq \overline{BA} +$
$\overline{AG} = \overline{AB} + \overline{CD}$，並且等號成立的充要條件是 $\angle A + \angle D = 180°$，即 $\overline{BA}$
平行於 $\overline{CD}$。同理可得 $\overline{BE} \leq \overline{BC} + \overline{AD}$，並且等號成立的充要條件是 $\overline{BC}$
平行於 $\overline{AD}$。於是

$$\overline{BG} \times \overline{BE} \leq (\overline{AB} + \overline{CD})(\overline{BC} + \overline{AD})$$

並且等號成立的充要條件是 ABCD 為一個平行四邊形。最後，我們有

$$□BEFG \text{ 的面積} = \overline{BG} \times \overline{BE} \times \sin \angle GBE \leq \overline{BG} \times \overline{BE}$$

並且等號成立的充要條件是 $\angle GBE = 90°$。從而

$$4 \times \text{四邊形 } ABCD \text{ 的面積} \leq (\overline{AB} + \overline{CD})(\overline{BC} + \overline{AD})$$

並且等號成立的充要條件是 ABCD 為一個平行四邊形且 $\angle B = 90°$，
亦即 ABCD 為一個長方形，這就證明了定理 1。

三、複數的方法

複數具有四則運算，又是**向量**，可以在代數與幾何之間來去自如，因此，複數是研究平面圖形一個很有力的工具。

如圖 12–10，設 $z = a + bi$ 為一個複數，$\bar{z} = a - bi$ 為其共軛複數。z 的實部 (real part) 與虛部 (imaginary part) 分別記為 $\text{Re}(z)$ 與 $\text{Im}(z)$，亦即 $\text{Re}(z) = a$, $\text{Im}(z) = b$。再令 $|z| = \sqrt{a^2 + b^2}$ 表示 z 的長度。

考慮兩複數 $z_1 = a_1 + b_1 i$, $z_2 = a_2 + b_2 i$，計算乘積

$$\bar{z}_1 \cdot z_2 = (a_1 - b_1 i)(a_2 + b_2 i) = (a_1 a_2 + b_1 b_2) + i(a_1 b_2 - a_2 b_1)$$

另一方面，由 z_1 與 z_2 所形成的 $\triangle O z_1 z_2$（假設 z_1 與 z_2 成逆時針）之面積為 $\frac{1}{2}(a_1 b_2 - a_2 b_1)$，因此

$$\triangle O z_1 z_2 \text{ 的面積} = \frac{1}{2}\text{Im}(\bar{z}_1 \cdot z_2)$$

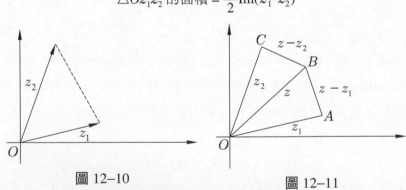

圖 12–10　　　　　　　　　圖 12–11

今考慮圖 12–11 之四邊形 $OABC$，並且 z_1, z, z_2 形成逆時針，計算對邊的平均之乘積類推到複數的情形：

$$\frac{1}{2}(z - z_1 + z_2) \cdot \frac{1}{2}(\bar{z} - \bar{z}_2 + \bar{z}_1)$$

$$= \frac{1}{4}(|z|^2 - |z_1 - z_2|^2) + \frac{1}{4}(z\bar{z}_1 - z\bar{z}_2 - z_1\bar{z} + \bar{z}z_2)$$

$$= \frac{1}{4}(|z|^2 - |z_1 - z_2|^2) + i[\text{Im}(z\bar{z}_1) + \text{Im}(z\bar{z}_2)]$$

因為 $\mathrm{Im}(w) \leq |w|$，對任何複數 w 皆成立，所以

四邊形 $OABC$ 的面積

$$= \frac{1}{2}[\mathrm{Im}(z\bar{z}_1) + \mathrm{Im}(z\bar{z}_2)]$$

$$= \mathrm{Im}[\frac{1}{2}(z - z_1 + z_2) \cdot \frac{1}{2}(\bar{z} - \bar{z}_2 + \bar{z}_1)]$$

$$\leq \frac{1}{2}|z - z_1 + z_2| \cdot \frac{1}{2}|\bar{z} - \bar{z}_2 + \bar{z}_1| \tag{8}$$

$$\leq \frac{1}{2}(|z - z_1| + |z_2|) \cdot \frac{1}{2}(|z - z_2| + |z_1|) \tag{9}$$

最後一項就是四邊形 $OABC$ 對邊平均之乘積。當 $z - z_1$ 與 z_2，z_1 與 $z - z_2$ 皆平行時，(9)式變成等號，此時 $OABC$ 為一個平行四邊形。其次，(8)式變成等號之充要條件為

$$\mathrm{Re}[\frac{1}{2}(z - z_1 + z_2) \cdot \frac{1}{2}(\bar{z} - \bar{z}_2 + \bar{z}_1)] = 0$$

亦即

$$|z|^2 = |z_2 - z_1|^2$$

這表示四邊形 $OABC$ 的對角線相等。因此，欲(8)式與(9)式全都成為等號的充要條件是 $OABC$ 為長方形。這就證明了定理 1。

精確的公式

到目前為止，我們只知道 $\frac{a+c}{2} \times \frac{b+d}{2}$ 是四邊形 (a, b, c, d) 的面積之上界 (upper bound)，並且這個上界只會被長方形達到。至於四邊形的真正面積公式隱藏得比較深，有待進一步探求。

一、海龍公式（Heron，約西元 75 年）

先考慮四邊形 (a, b, c, d) 退化成三角形 (a, b, c) 的情形，此時三角形的面積 S 有極漂亮的海龍公式（參見第 11 節）

$$S = \sqrt{s(s-a)(s-b)(s-c)} \tag{10}$$

其中 $s = \dfrac{1}{2}(a+b+c)$ 表示三角形周界之半長。

二、婆羅摩笈多公式（約西元 628 年）

四邊形的形狀與大小無法由四邊唯一決定，這是四邊形的面積之所以比較深刻的理由。我們分成兩個階段討論。

當四邊形 (a, b, c, d) 是圓內接四邊形時，它的面積 S 由四邊完全決定：

$$S = \sqrt{(s-a)(s-b)(s-c)(s-d)} \tag{11}$$

其中 $s = \dfrac{1}{2}(a+b+c+d)$。

再推廣到任意四邊形 $ABCD$，它的面積 S 為

$$S^2 = (s-a)(s-b)(s-c)(s-d) - abcd\cos^2\left(\frac{A+C}{2}\right) \tag{12}$$

其中 A 與 C 為四邊形的一雙對角。

注意到，海龍公式是(12)式之特例，(11)式又是(12)式之特例。上述(11)式與(12)式都叫做婆羅摩笈多公式。

由(12)式知，四邊形 $ABCD$ 內接於一個圓的充要條件是(11)式成立。復次，在給定四邊 a, b, c, d 的所有四邊形中，要以圓內接四邊形的面積為最大，並且最大面積就是(10)式。

婆羅摩笈多公式是如何探索出來的? 我們留待下一節講述。

結　語

　　由長方形的面積公式出發，經過兩元化的轉換，得到一個錯誤的（近似的、高估的）四邊形面積公式（古埃及、巴比倫公式），最後再發展到海龍公式與婆羅摩笈多公式，形成一條美麗的探索小徑，非常值得中學生重走一趟。

　　從探索的過程中，鍛鍊思路並且掌握數學工具的運用，這比公式與定理的背記重要得多。

　　自古以來數學教科書或教學只講述成功的探索結果，幾乎不談失敗的案例，這使得數學教育違背「**人性常犯錯誤**」以及「**從錯誤中學習**」的原則。但是，我們要強調，從一個有意思而錯誤的地方切入，然後逐步找出正確的結果，體現知識的演化特性，這樣才合乎人性，在教育上更富有啟發意義。

　　歌德（Goethe，西元 1749～1832 年）說得妙：「**真理與錯誤同源**，這雖奇怪但卻是真實的。所以在任何情況下，我們都不應粗暴地對待錯誤，因為這樣做的時候，就等於我們也在粗暴地對待真理」。

Tea Time

時間怕金字塔，

金字塔怕幾何，

幾何怕歐幾里得。

——阿拉伯諺言——

No man's word shall be final.

(Nullius in verba)

——London Royal Society 之警句（西元 1660 年）——

1. We can learn from our mistakes and we must learn from our mistakes.

2. No doubt we should all train ourselves to speak as clearly, as precisely, as simply, and as directly, as we can.

——K. Popper——

13

四邊形的面積公式

由三角形推廣到四邊形，Heron
公式如何推展？這是本節的主題。除
了得到四邊形的面積公式之外，我們
也得到 Ptolemy 定理。

問題的提出

　　給一個三角形，已知三邊長，那麼它的面積可用著名的 Heron 公式來求算。這我們在第 11 節已經有所敘述。現在要加以推廣，我們自然想到了兩個方向：(i) **維數的提高**，從平面問題變成空間問題；(ii) **邊數的增加**，從三角形變成四邊形乃至更多邊形。本節僅限於討論推廣到四邊形的情形。

❓ 問題：

　　已知四邊形的四邊 a, b, c, d，有無類似於 Heron 的面積公式？

　　在文獻上，這已經有 Brahmagupta 公式（西元 628 年，印度數學家）及 Bretschneider 公式（西元 1842 年）。不過本節關切的核心問題是：追尋、思考的過程，亦即如何猜測出公式？最好是能「合理地」看出來。我們希望達到這樣的目標：給我「洞悟的眼光」(insight)，不要只給我「邏輯與數字」。這是面對數學時，一個基本而謙卑的願望。

　　不論是三角形或四邊形，關於邊、角、對角線及面積之間的關係，有兩個重要的結果：一個是邊、角、對角線的關係式，例如畢氏定理（商高定理）、餘弦定律與 Ptolemy 定理；另一個是面積表成邊、角或對角線之公式，例如 Heron 公式，Brahmagupta 公式與 Bretschneider 公式。這些定理與公式的關係非常密切，具有一體兩面的偶伴關連，簡直是屬於同一家族，因此我們要一併加以討論。它們可以說是古典三角學、平面幾何學中美麗的珍珠，令人流連玩味不忍釋手。事實上，**幾何學的向量代數化**就是以這些素材作為思考的動機與出發點。對於高中生來說，這是一個鍛鍊思考的好論題。

三角形的溫故知新

　　最著名而熟知的是關於直角三角形的結果：

畢氏定理：

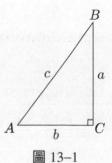

$$\angle C = 90° \iff c^2 = a^2 + b^2$$

面積公式：（參見圖 13–1）

$$S = \frac{1}{2}ab$$

　　接著飛躍到一般三角形，此時比較豐富多彩。

圖 13–1

畢氏定理推廣成

餘弦定律：

$$\begin{cases} a^2 = b^2 + c^2 - 2bc\cos A \\ b^2 = c^2 + a^2 - 2ca\cos B \\ c^2 = a^2 + b^2 - 2ab\cos C \end{cases} \quad (1)$$

面積公式：

$$S = \frac{1}{2}ab\sin C$$

$$= \frac{1}{2}bc\sin A$$

$$= \frac{1}{2}ca\sin B \quad (2)$$

Heron 公式：（參見圖 13–2）

$$S = \sqrt{s(s-a)(s-b)(s-c)} \quad (3)$$

　　其中 $s = \frac{1}{2}(a+b+c)$。

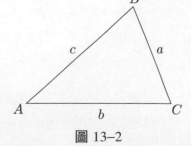

圖 13–2

推廣到圓內接四邊形

四邊形這一國比三角形國還要靈敏、詭譎 (delicate, subtle)。最顯著的是四邊形**沒有穩固性:** 已知四邊 a, b, c, d，並沒有唯一決定一個四邊形 (採用全等觀點)，它還是可以壓縮、作邊的置換而變形。例如長方形可以作各種變形 (四邊保持不變)，如圖 13–3 所示。這四個四邊形都不全等，並且面積都不同。

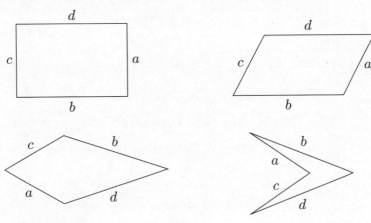

圖 13–3

❓ **問題 1:**

已知四邊形四邊為 a, b, c, d，

   (i) 邊、角、對角線有何關係?

   (ii) 面積如何表成邊、角或對角線?

按數學思考的常理，我們先退到特例，再逐步尋幽探徑，前進到一般情形。什麼是四邊形的簡單特例呢? 我們很自然地想到了長方形，

如圖 13–4 所示。它由兩個相同的直角三角形 a, b, c 湊在一起，因此邊與對角線的關係仍然只是畢氏定理：$c^2 = a^2 + b^2$，並且面積 $S = ab$。這些都沒有新義。

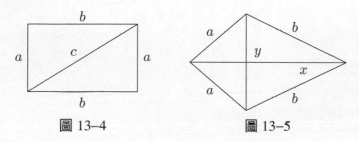

圖 13–4　　　　　　　圖 13–5

如何「化腐朽為神奇」呢？

如果我們將上述長方形的邊作置換成鳶形，如圖 13–5 所示。那麼面積 $S = \dfrac{1}{2}xy$；但是邊與對角線的關係仍然不易看出來。事實上，鳶形可以在四邊保持不變之下，作壓縮或拉伸，讓對角線 x, y 變動。因此還是有點滑溜不易把捉的感覺。我們知道任何三角形必可內接於一個圓之中，四邊形則不然。

我們稍退一步：考慮圓內接矩形（圖 13–6）與鳶形（圖 13–7）。圖 13–7 鳶形的面積為

$$S = \frac{1}{2}xy$$

而邊與對角線的關係是什麼呢？

顯然圖 13–6 的矩形與圖 13–7 的鳶形具有相同的面積（以圓心連接四頂點立知），故

$$\frac{1}{2}xy = ab$$

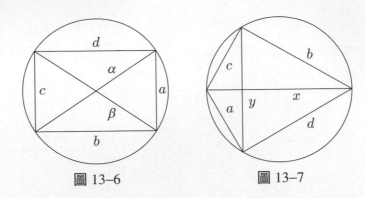

圖 13–6 圖 13–7

因為 $a = c, b = d$，所以

$$xy = 2ab = ab + cd \tag{4}$$

亦即兩對角線的乘積等於兩對邊乘積之和。這就是圓內接鳶形的邊與對角線的關係式。以這個公式來觀看圖 13–6，我們發現

$$\alpha\beta = ac + bd \tag{5}$$

也成立，因為(5)式不過是畢氏定理

$$\alpha^2 = a^2 + b^2$$

之「**兩元化**」或「**兩儀化**」（因為 $\alpha = \beta, a = c, b = d$）。因此(4)式可以看作是畢氏定理的一種推廣。

　　上述結果啟示我們猜測：圓的任意內接四邊形，其邊與對角線具有 $xy = ac + bd$ 的關係，參見圖 13–8。

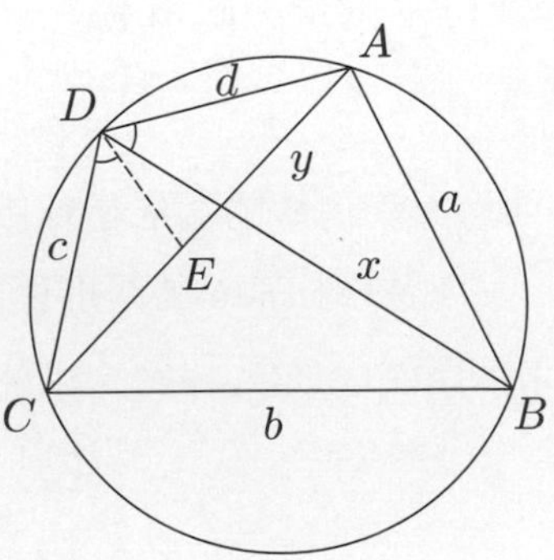

　　事實上，我們可以證明這個猜測，而且不難。過 D 點作一直線交 AC 於 E 點，使得 $\angle CDE = \angle BDA$。於是容易看出

$$\triangle CDE \sim \triangle BDA$$

圖 13–8

並且
$$\triangle ADE \sim \triangle BDC$$

從而
$$\frac{\overline{CD}}{\overline{BD}} = \frac{\overline{CE}}{\overline{AB}}, \frac{\overline{BC}}{\overline{AE}} = \frac{\overline{BD}}{\overline{AD}}$$

於是
$$\overline{CD} \cdot \overline{AB} = \overline{BD} \cdot \overline{CE}, \overline{AD} \cdot \overline{BC} = \overline{AE} \cdot \overline{BD}$$

兩式相加得
$$\overline{CD} \cdot \overline{AB} + \overline{AD} \cdot \overline{BC} = \overline{BD}(\overline{AE} + \overline{CE}) = \overline{BD} \cdot \overline{AC}$$

亦即
$$ac + bd = xy \tag{6}$$

證畢。因此，我們得到：

定理 1：（Ptolemy，西元 150 年）

設 $ABCD$ 為圓內接四邊形，四邊分別為 a, b, c, d，對角線為 x, y，則 $xy = ac + bd$。

這個結果精巧美妙，又是畢氏定理的推廣。天文學家 Ptolemy（西元 90～168 年）利用它做出歷史上**第一張弦函數表**。他對天文學非常狂熱，他說過：「渺小平凡的我，本應如蜉蝣一般朝生暮死。但是每當我見到滿天繁星在空中依照自己的軌道井然有序地運行時，就情不自禁有身在天上人間之感，好像是天神宙斯 (Zeus) 親自饗我以神饌。」真是令人感動。

西元 1992 年大學聯考自然組有一考題如下：

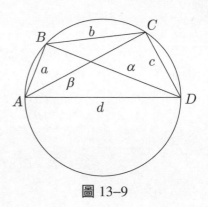

圖 13-9

在圖 13-9 中，$\overline{AD}$ 為圓之直徑，B, C 為半圓周上兩點。$a = \overline{AB}$, $b = \overline{BC}$, $c = \overline{CD}$, $d = \overline{AD}$, 試證 d 為方程式 $x^3 - (a^2 + b^2 + c^2)x - 2abc = 0$ 之一根。

這當然有種種證法，但是利用 Ptolemy 定理配合畢氏定理的作法是最簡潔漂亮的。令 $\alpha = \overline{BD}$, $\beta = \overline{AC}$, 則

$$\alpha\beta = ac + bd, \ \alpha^2 = d^2 - a^2, \ \beta^2 = d^2 - c^2$$

於是

$$(d^2 - a^2)(d^2 - c^2) = \alpha^2\beta^2 = (ac + bd)^2$$

展開、化簡得

$$d^3 - (a^2 + b^2 + c^2)d - 2abc = 0$$

這就得證了。

根據筆者閱卷的經驗，沒有看到考生採用上述證法。答對的考生多半是採用：作補助線與餘弦定律來做，較煩瑣，答對的也不多。

接著我們探尋圓內接四邊形的面積公式，仍然參考圖 13-8。首先觀察到，面積由四邊 a, b, c, d 唯一決定。四邊形的邊作置換可能影響全等，但並不影響面積。因此圓內接四邊形的面積理應有對應的 Heron 公式，我們令其面積為 $S(a, b, c, d)$。

❷ 問題 2:

假設 $S(a, b, c, d)$ 是 a, b, c, d 之多項式，$S(a, b, c, d) = ?$

　　我們進一步觀察到 $S(a, b, c, d)$ 具有下列性質：

1. $S(a, b, c, d)$ 的**量綱** (dimension) 為 L^2（即長度的平方），

2. **邊界條件**：當 $a + b + c = d$ 或 $b + c + d = a$ 或 $c + d + a = b$ 或 $d + a + b = c$ 時，$S(a, b, c, d) = 0$，故由**因式定理**知 $S(a, b, c, d)$ 有 $(a + b + c - d)$, $(b + c + d - a)$, $(c + d + a - b)$ 與 $(d + a + b - c)$ 之因子。四者乘起來，量綱為 L^4。

根據這兩條線索，啟示我們提出下面的猜測：

$$S^2 = K(a + b + c - d)(b + c + d - a)(c + d + a - b)(d + a + b - c)$$

其中 K 是待定常數。以正方形之特例代入上式，立即求得 $K = \dfrac{1}{16}$。於是我們的猜測完全明朗：

$$S^2 = (s - a)(s - b)(s - c)(s - d) \tag{7}$$

其中 $s = \dfrac{1}{2}(a + b + c + d)$。

　　這是我們所要的答案嗎？我們試驗長方形，發現(7)式成立。對於 $d = 0$ 之特例，四邊形變成三角形，而(7)式變成 Heron 公式。因此，在還沒有證明之前，我們已經有了相當的理由相信(7)式就是圓內接四邊形的面積公式。

　　否證或**證明**，要走哪一條路？讓我們嘗試證明吧！仍然參見圖 13–8。四邊形的面積

$$S = \triangle ABC + \triangle ACD = \frac{1}{2}ab\sin B + \frac{1}{2}cd\sin D$$

$$4S = 2ab\sin B + 2cd\sin D \tag{8}$$

由餘弦定律知

$$a^2 + b^2 - 2ab\cos B = y^2 = c^2 + d^2 - 2cd\cos D$$

所以

$$a^2 + b^2 - c^2 - d^2 = 2ab\cos B - 2cd\cos D \tag{9}$$

將(8), (9)兩式平方相加得

$$16S^2 + (a^2 + b^2 - c^2 - d^2)^2 = 4a^2b^2 + 4c^2d^2 - 8abcd\cos(B+D) \quad (10)$$

因為 $B + D = 180°, \cos(B+D) = -1$，故得 $16S^2 + (a^2 + b^2 - c^2 - d^2)^2$
$= (2ab + 2cd)^2$ 從而

$$16S^2 = (2ab + 2cd)^2 - (a^2 + b^2 - c^2 - d^2)^2$$
$$= [(a+b)^2 - (c-d)^2][(c+d)^2 - (a-b)^2]$$
$$= (a+b+c-d)(a+b-c+d)(c+d+a-b)(c+d-a+b)$$

令 $s = \dfrac{1}{2}(a+b+c+d)$，則得

$$S^2 = (s-a)(s-b)(s-c)(s-d)$$

我們的猜測得證。

定理 2：（Brahmagupta，西元 628 年）

　　設 $ABCD$ 為圓內接四邊形，四邊為 a, b, c, d，則其面積 S 為

$$S = \sqrt{(s-a)(s-b)(s-c)(s-d)} \qquad (11)$$

註：Brahmagupta（婆羅摩笈多）誤以為此公式適用於任何四邊形。事
　　實上，Heron 已指出一般四邊形無法由其四邊唯一決定。

一般四邊形

　　一般四邊形 $ABCD$ 可分成凸四邊形 (convex quadrilateral)，如下
圖 13–10，以及凹四邊形，如下圖 13–11。

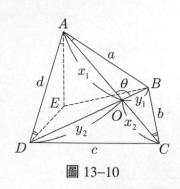

圖 13-10

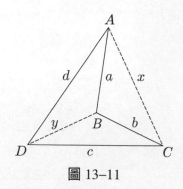

圖 13-11

我們先討論凸四邊形的情形。如圖 13-10，設 $ABCD$ 為一個凸四邊形，並且

$$\overline{AB} = a, \overline{BC} = b, \overline{CD} = c, \overline{DA} = d, \overline{AC} = x, \overline{BD} = y$$

$$s = \frac{1}{2}(a + b + c + d), S = ABCD \text{ 的面積}$$

我們要研究的論題仍然是問題 1，首先探討四邊 a, b, c, d 與對角線 x, y 的關係。對於圓內接四邊形的情形，Ptolemy 定理告訴我們：$xy = ac + bd$。但是對於一般凸四邊形，如何呢？

將圓內接四邊形稍作壓縮，四邊保持不變，即 $ac + bd$ 不變，但是對角線 x 與 y 卻一個變長，另一個變短，記為 x_0 與 y_0。那麼 $x_0 y_0$ 與 xy 何者較大呢？似乎不容易看出來，真理藏得比較深了（但是我們相信有真理可尋）。下面我們要採用所謂的「**探索性的演繹法**」，模仿原先 Ptolemy 定理的證明方法，試試看會得到什麼結論。

回到圖 13-10 之一般凸四邊形。作出點 E，使得

$$\angle DAE = \angle CAB \text{ 且 } \angle ADE = \angle ACB$$

於是 $\triangle ADE \sim \triangle ACB$，故

$$\frac{\overline{AD}}{\overline{ED}} = \frac{\overline{AC}}{\overline{BC}}, \text{ 即 } bd = x \cdot \overline{ED} \tag{12}$$

另外也有

$$\frac{\overline{AB}}{\overline{AE}} = \frac{\overline{AC}}{\overline{AD}}, \quad 並且 \angle DAC = \angle EAB$$

從而 $\triangle ABE \sim \triangle ACD$，故

$$\frac{\overline{AB}}{\overline{BE}} = \frac{\overline{AC}}{\overline{CD}}, \quad 即 \ ac = x \cdot \overline{BE} \tag{13}$$

(12) + (13)得

$$ac + bd = x \cdot \overline{BE} + x \cdot \overline{ED} = x \cdot (\overline{BE} + \overline{ED})$$

因為 $\overline{DE} + \overline{EB} \geq \overline{BD} = y$，故

$$xy \leq ac + bd \tag{14}$$

在上述演繹過程中，我們也發現：(14)式中的等號成立之充要條件是 E 落在對角線 $\overline{BD}$ 上，即 A, B, C, D 四點按序共圓。

對於凹四邊形的情形，(14)式也成立。如下圖 13–12，將 $\overline{AB}, \overline{BC}$ 對 $\overline{AC}$ 作鏡射，得到凸四邊形 $AB'CD$，令 $\overline{B'D} = y'$，則由上述證明知

$$xy' \leq ac + bd$$

因為 $y \leq y'$，所以

$$xy \leq ac + bd$$

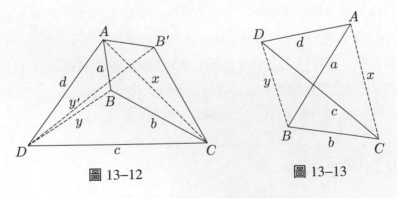

圖 13–12　　　　　　　　圖 13–13

進一步，我們觀察幾種特異與退化的情形（詳情請參見參考資料 [66]）：

1. 當四邊形 $ABCD$ 凹扭成 X 形時（圖 13–13），⒁式也成立。

2. 當四邊形 $ABCD$ 退化成三角形時，不論是有兩點重合或其中一點落在一個邊上（圖 13–14），⒁式仍然成立。

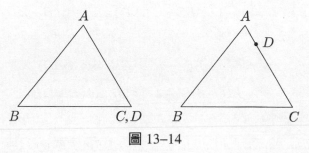

圖 13–14

3. 當四邊形 $ABCD$ 退化成在一直線上時，⒁式成立，並且當四點在直線上按 A, B, C, D 之順序排列時，⒁式變成等式：即 $\overline{AB} \cdot \overline{CD} + \overline{BC} \cdot \overline{AD} = \overline{AC} \cdot \overline{BD}$。（Euler 定理）

總結上述之討論，我們得到

定理 3：（推廣的 Ptolemy 定理，弱型）

　　　對於平面上任意四點 A, B, C, D，下式恆成立：

$$\overline{AB} \cdot \overline{CD} + \overline{BC} \cdot \overline{AD} \geq \overline{AC} \cdot \overline{BD}$$

　　　並且等號成立的充要條件是 A, B, C, D 四點按序共圓或按序共線。

註：直線與圓具有同等地位，直線是具有無窮大半徑之圓。

　　從直角三角形的畢氏定理：$c^2 = a^2 + b^2$，到任意三角形的 $c^2 \leq a^2 + b^2$（當 $\angle C \leq 90°$）或 $c^2 \geq a^2 + b^2$（當 $\angle C \geq 90°$），有精確的餘弦定律：$c^2 = a^2 + b^2 - 2ab \cos C$。同理，從圓內接四邊形的 Ptolemy 定理：$xy = ac + bd$，到任意四邊形的 $xy \leq ac + bd$，應該也有相應的精確等式吧？

　　回到圖 13–10 之一般凸四邊形。由於 $\triangle ADE \sim \triangle ACB$ 且 $\triangle ABE \sim \triangle ACD$，故

$$\angle AED = \angle B \text{ 且 } \angle AEB = \angle D$$

$$\angle BED = 2\pi - (\angle AEB + \angle AED) = 2\pi - (\angle B + \angle D)$$

由餘弦定律知

$$y^2 = \overline{ED}^2 + \overline{BE}^2 - 2\overline{ED} \cdot \overline{BE} \cos(\angle BED)$$

$$y^2 = \overline{ED}^2 + \overline{BE}^2 - 2\overline{ED} \cdot \overline{BE} \cos(B + D)$$

兩邊同乘以 x^2 得

$$x^2 y^2 = (x \cdot \overline{ED})^2 + (x \cdot \overline{BE})^2 - 2(x \cdot \overline{ED})(x \cdot \overline{BE}) \cos(B + D)$$

再由(12)及(13)式得

$$x^2 y^2 = a^2 c^2 + b^2 d^2 - 2abcd \cos(B + D) \tag{15}$$

因為 $A + B + C + D = 360°$，故也有

$$x^2 y^2 = a^2 c^2 + b^2 d^2 - 2abcd \cos(A + C) \tag{16}$$

我們注意到兩個特例：

1. 當 $B + D = 180°$ 時，亦即 A, B, C, D 四點共圓時，(15)或(16)式化約成 Ptolemy 定理：$xy = ac + bd$。因此(15)或(16)式均可視為 Ptolemy 定理的推廣。

2. 當 $B + D = 90°$ 時，(15)或(16)式化約成

$$x^2 y^2 = a^2 c^2 + b^2 d^2 \tag{17}$$

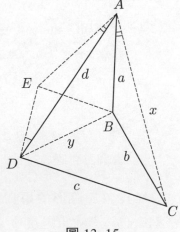

圖 13–15

　　另外，(15)式對於凹四邊形也成立，其證明只要參考圖 13–15，而過程完全跟上述凸四邊形的論證一樣。

定理 4：（推廣的 Ptolemy 定理，強型）
　　　對於任意的四邊形，如圖 13–10 或圖 13–11，恆有
$$x^2y^2 = a^2c^2 + b^2d^2 - 2abcd\cos(B+D)$$

　　對於任意的四邊形，顯然由(15)式可得(14)式，亦即由定理 4 可推出定理 3。

　　最後我們追尋任意四邊形的面積公式，這個問題較微妙而麻煩，不過還是有跡可循的。我們參考下面的圖 13–16 及圖 13–17：

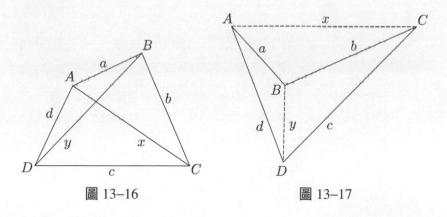

圖 13–16　　　　　　　　　圖 13–17

四邊形有四個邊 a, b, c, d，四個角 $\angle A, \angle B, \angle C, \angle D$，以及兩條對角線 x, y，總共有 10 個要素，它們並非完全獨立，例如我們有強型的推廣的 Ptolemy 定理以及四個角之和為 360°，這兩者都是對於 10 個要素的限制條件。

　　四邊不足以決定四邊形的形狀，這是整個問題的麻煩所在。因為我們要追尋的不是四邊形的全等問題，而是面積問題（前者嚴苛，後者較寬鬆：兩四邊形全等則面積相等，反之不然），所以從兩條對角線切入較簡潔。我們分成三個步驟來思考。先討論凸四邊形的情形。

1. 已知四邊形的兩條對角線 x, y，並且它們互相垂直，參見圖 13–18。顯然四邊形的面積為

$$S = \frac{1}{2}xy \tag{18}$$

2. 已知對角線 x, y 及它們的夾角 θ，參見圖 13–19。令四邊形的對角線 $x = x_1 + x_2, y = y_1 + y_2$，於是四邊形的面積為

$$S = \triangle AOB + \triangle BOC + \triangle COD + \triangle DOA$$

$$= \frac{1}{2}x_1y_1\sin\theta + \frac{1}{2}x_1y_2\sin(\pi-\theta) + \frac{1}{2}x_2y_2\sin\theta + \frac{1}{2}x_2y_1\sin(\pi-\theta)$$

$$= \frac{1}{2}xy\sin\theta \tag{19}$$

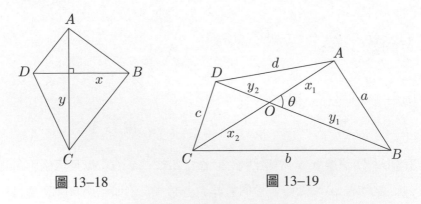

圖 13–18　　　　　　　　　圖 13–19

　　當 $\theta = 90°$ 時，(19)式化約成(18)式。

3. 更進一步，又知道四邊，亦即已知 a, b, c, d, x, y。此時四邊形唯一
   決定了。如何求面積呢？⑴式仍然成立，但是如何將 $\sin\theta$ 消解成 a,
   b, c, d 呢？這使我們想到了餘弦定律。由⑴式得

$$16S^2 = 4x^2y^2\sin^2\theta = 4x^2y^2(1-\cos^2\theta) = 4x^2y^2 - (2xy\cos\theta)^2$$

又因為（參見圖 13–19）

$$\begin{aligned}
2xy\cos\theta &= 2(x_1+x_2)(y_1+y_2)\cos\theta \\
&= 2x_1y_1\cos\theta + 2x_1y_2\cos\theta + 2x_2y_2\cos\theta + 2x_2y_1\cos\theta \\
&= 2x_1y_1\cos\theta - 2x_1y_2\cos(\pi-\theta) + 2x_2y_2\cos\theta \\
&\quad -2x_2y_1\cos(\pi-\theta) \\
&= (x_1^2+y_1^2-a^2) - (x_1^2+y_2^2-b^2) + (x_2^2+y_2^2-c^2) \\
&\quad -(x_2^2+y_1^2-d^2) \\
&= -a^2+b^2-c^2+d^2
\end{aligned}$$

所以

$$16S^2 = 4x^2y^2 - (a^2-b^2+c^2-d^2)^2 \tag{20}$$

我們也可將⑳式，透過配方，改寫為

$$\begin{aligned}
16S^2 &= (2ac+2bd)^2 - (a^2-b^2+c^2-d^2)^2 - 4(ac+bd)^2 + 4x^2y^2 \\
&= (a+b+c-d)(b+c+d-a)(c+d+a-b)(d+a+b-c) \\
&\quad -4[(ac+bd)^2 - x^2y^2]
\end{aligned}$$

$$S^2 = (s-a)(s-b)(s-c)(s-d) - \frac{1}{4}[(ac+bd)^2 - x^2y^2] \tag{21}$$

由此立即看出：

A, B, C, D 四點按序共圓

$\Leftrightarrow xy = ac+bd$（Ptolemy 定理）

$\Leftrightarrow S^2 = (s-a)(s-b)(s-c)(s-d)$（Brahmagupta 公式）

　　值得特別注意的是，在上述對於凸四邊形的三步驟論證中，(18)、(19)、(20)、(21)四個公式對於凹四邊形仍然成立。這只要參考下圖 13–20 並且仿上述論證即可得證。

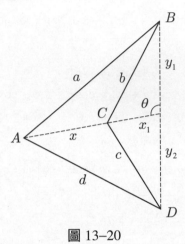

圖 13–20

　　接著，透過強型的推廣的 Ptolemy 定理，(20)式可以進一步改寫成如下：

$$16S^2 = 4(a^2c^2 + b^2d^2 - 2abcd\cos(B+D)) - (a^2 - b^2 + c^2 - d^2)^2$$

$$= (2ac + 2bd)^2 - (a^2 - b^2 + c^2 - d^2)^2 - 8abcd(\cos(B+D)+1)$$

$$= (a+b+c-d)(b+c+d-a)(c+d+a-b)(d+a+b-c)$$

$$\quad - 16abcd\cos^2(\frac{B+D}{2})$$

$$S^2 = (s-a)(s-b)(s-c)(s-d) - abcd\cos^2(\frac{B+D}{2}) \tag{22}$$

顯然也有

$$S^2 = (s-a)(s-b)(s-c)(s-d) - abcd\cos^2(\frac{A+C}{2}) \tag{23}$$

總結上述討論，我們得到

定理 5:（Bretschneider 公式，西元 1842 年）

> 對於任意四邊形（不論凹凸），其面積 S 為
>
> $$16S^2 = 4x^2y^2 - (a^2 - b^2 + c^2 - d^2)^2$$
>
> 或
>
> $$S^2 = (s-a)(s-b)(s-c)(s-d) - \frac{1}{4}[(ac+bd)^2 - x^2y^2]$$
>
> 或
>
> $$S^2 = (s-a)(s-b)(s-c)(s-d) - abcd\cos^2(\frac{B+D}{2})$$

推論 1:

> 當四邊形為圓外切四邊形時，則
>
> $$S = \sqrt{abcd}\sin(\frac{B+D}{2})$$

推論 2:

> 當四邊形既是圓內接也是圓外切四邊形時，則
>
> $$S = \sqrt{abcd}$$

推論 3:

> 在四邊 a, b, c, d 給定的情形下，以圓內接四邊形的面積為最大，最
> 大值為 $\sqrt{(s-a)(s-b)(s-c)(s-d)}$。

註: 這被列為最美的數學定理之一，見 43 頁。

結　語

　　將本節的討論推廣到五邊形的情形就已經很困難而不切實際（事
實上是走不通）。另一方面，推廣到三維空間，這會涉及到面積與體積
的計算，畢氏定理與 Ptolemy 定理也會有進一步的推廣，這些是向量
幾何的美麗論題。

Tea Time

1. 科學是精煉的常識，它尋求一個能夠把觀測到的諸多經驗事實聯結在一起的邏輯體系，並且使其具有最大可能的簡潔性。

2. 這個世界最不可思議的是它居然可思議 (The most imcomprehensible thing about the world is that it is comprehensible)。

3. 我們所能夠擁有的最美好的經驗是神祕感。它是我們站在真正藝術與科學的搖籃之前的基本感情。如果一個人喪失神祕感，對周遭不再感到好奇，不再感到驚異，那麼他雖生猶死，好像要熄滅的蠟燭。

——愛因斯坦——

The quest for theory is a quest for unity underlying apparent complexity.

——K. Popper——

14

談Pick公式

Pick 公式、Heron 公式與測量師公式，是數學裡求面積的三個重要公式。本節我們著重在討論其中的 Pick 公式，從問題出發到猜測、發現、檢驗與證明等的發展過程，內容淺白，高中生亦可研讀。

問題的起源

好奇與實用是數學發展的動力，兩者相輔相成，不可偏廢。

古埃及人鋪地板時，用同一種大小的正多邊形，只能是正三角形、正方形與正六邊形所鋪成的三種樣式（見圖 14–1、14–2 及 14–3）。

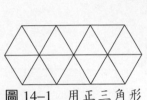

圖 14–1　用正三角形　　　圖 14–2　用正方形　　　圖 14–3　用六邊形
　　　　　鋪地板　　　　　　　　　鋪地板　　　　　　　　　鋪地板

這媲美於正多面體恰好有五種，都是很令人驚奇的結果。為了追究背後的原因，他們發現了「三角形三內角和為一平角（即 180°）定理」，由此可證明鋪地板恰有三種樣式，從而對經驗事實求得解釋（explanation）。

進一步，在正方形樣式的地板上〔即平面正方形格子網或幾何板（geoboard）〕，古埃及人又從中玩索出畢氏定理（見圖 14–4），以及其它許多幾何定理。在驗證畢氏定理時，涉及了需計算以格子點為頂點的正方形之面積。

另一方面，基於實際應用，如農夫在田地上插秧或種植果樹（假設種在正方形的格子點上）。顯然，田地越廣，所種的棵數就越多，反之亦然。因此，土地的面積與棵數具有密切的關係，但這個關係是什麼呢？

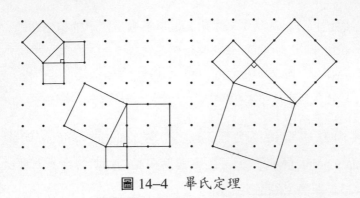

圖 14-4　畢氏定理

　　不論是起於好奇或實用，都引
出了下面一個有趣的數學問題：

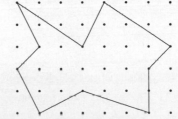

　　　平面上以格子點為頂點的多
　　　邊形，其面積公式是什麼呢？
　　　如何探尋它？（見圖 14-5）

圖 14-5　以格子點為頂點的多邊形

　　本節我們就來探討這個問題。它從發現到證明的過程，都富有思
考方法的啟發性，值得追尋。

一維的特例：植樹問題

　　要追尋一個公式或規律，通常是由特例著手。一個問題的特例，
正如其推廣或類推，往往有各種式樣。換言之，一個問題並非是孤立
的，而是座落在由許多問題所連結起來的四通八達的網路上。例如，
在上述問題中，將多邊形改為三角形或長方形，就是一個特例的思考
方向。也可以將二維平面的問題，改為一維的直線問題，這又是另一
個特例的思考方向。找到一個適當的特例，由此切入，逐步尋幽探徑，
發現其一般規律後，從而解決整類的問題，這是最令人欣喜的事情。

我們選擇一維的特例來思考，此時不過是簡單的植樹問題。例如：

在圖 14–6 的線段上每隔單位距離種一棵樹 (即在格子點上種樹)，兩端皆種，問線段有多長？

圖 14–6　一維的植樹問題

我們觀察到格子點可分成 **內點** (interior points) 與 **邊界點** (boundary points) 兩類。假設內點與邊界點的個數分別為 i 與 b (事實上 $b = 2$)。顯然線段之長 L 為：

$$L = 間隔數 \tag{1}$$

$$= i + 1 \tag{2}$$

$$= b + i - 1 \tag{3}$$

我們也可以這樣想：如果在相鄰兩格子點之中點加以分割，得到許多小段，那麼每一個內點所在的小段皆具有單位長度，而每一個邊

界點所在的小段只有 $\frac{1}{2}$ 單位長度，見圖 14–7。換言之，一個內點貢獻一個單位長度，而一個邊界點只貢獻 $\frac{1}{2}$ 個單位長度。因此，線段的長度為：

圖 14–7　線段長之計算

$$L = \frac{b}{2} + i \tag{4}$$

推廣到二維平面

對於平面上以格子點為頂點之多邊形，其面積公式是什麼呢？在上述(1)～(4)的公式中，只有(3)與(4)兩式比較有可能。因此，我們初步

猜測多邊形的面積 A 為：

$$A = b + i - 1 \qquad\qquad (5)$$

或者

$$A = \frac{b}{2} + i \qquad\qquad (6)$$

其中 b 與 i 分別表示在多邊形中，邊界點與內點之格子點個數。

　　接著是用一些例子對猜測作試驗。因為多邊形有**無窮**多種，所以即使試驗再多的例子都成立，這都不能代表已證明出我們的猜測，但是只要有一個例子違背（稱之為反例），就否定掉猜測。舉例而言，「凡是天鵝都是白色的」，我們觀察過再多的白色天鵝都無法得到證明，但是只要出現一隻黑天鵝就否定掉這句話了。這種證明和否證的不對稱性值得注意。

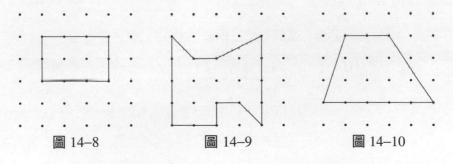

圖 14–8　　　　　　圖 14–9　　　　　　圖 14–10

現在，我們試驗圖 14–8、14–9 與 14–10 等三個例子，列表如下：

(I) b	(II) i	(III) $b+i-1$	(IV) $\dfrac{b}{2}+i$	(V) 正確面積
10	2	11	7	6
17	5	21	$13\frac{1}{2}$	$12\frac{1}{2}$
9	7	16	$11\frac{1}{2}$	$10\frac{1}{2}$

比較 (III) 與 (V) 行，(IV) 與 (V) 行，我們發現公式(5)與(6)都不對。該如何修正呢？

我們進一步觀察到 (IV) 與 (V) 兩行有規律，即相差 1，所以我們將(6)式修正為

$$A = \frac{b}{2} + i - 1 \tag{7}$$

這個面積公式就「適配」(fit) 上述圖 14–8 至圖 14–10 的三個例子。

我們也可以從另一個角度來觀察(7)式。仿照一維植樹問題的情形，考慮圖 14–11 之長方形。我們發現，一個內點貢獻面積 1，而邊界點分成兩種情形：

(i) 在側邊上的點，每一點貢獻面積 $\frac{1}{2}$。

(ii) 四個頂點，每一點貢獻面積 $\frac{1}{4}$。

因此，如果每一個邊界點都看成是貢獻面積 $\frac{1}{2}$，則整個合起來就多算了一個單位面積，必須扣掉。換言之，(7)式是一個合理的猜測。

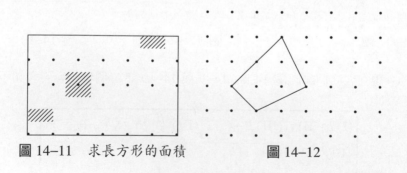

圖 14–11　求長方形的面積　　　　圖 14–12

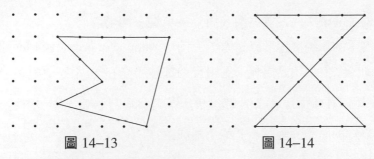

圖 14–13   圖 14–14

再對(7)式作試驗，例如考慮圖 14–12、14–13 與 14–14，容易求得它們的正確面積分別為 $4\frac{1}{3}$、13 與 $12\frac{1}{2}$。另一方面，按公式(7)來計算，分別得到 $4\frac{1}{2}$、13 與 13。因此，對於圖 14–12 與 14–13 而言，(7)式成立；但是對於圖 14–14，(7)式就不成立了。我們發現圖 14–14 比較特別，有兩個邊交叉了，這並不是通常所謂的多邊形。如果將這種情形排除掉，只允許邊沒有交叉的情形，我們稱之為單純多邊形 (simple polygon)，那麼我們猜測(7)式對於單純多邊形都會成立。

豈其然乎? 我們用了更多不同形狀的單純多邊形作試驗，結果發現(7)式都成立（讀者應該自己嘗試）。至此，我們更有理由相信，(7)式很可能就是我們所要追尋的公式。下一步，也許該嘗試去證明它了。

(7)式有各種證明方法，本節我們只介紹兩種證法。

Pick 定理的證明

一般而言，數學是先有觀察與猜測（這個階段允許犯錯），然後才有試驗、修正與證明。數學絕不是突然 (out of the blue) 從天上掉下一個公式或定理，然後就要我們去證明。通常數學教科書所犯的毛病就是按「定義、定理、證明」等抽象方式來鋪陳，這樣無法看到數學的發展過程。

為了證明(7)式，首先讓我們分析單純多邊形：

1. 最簡單的單純多邊形就是原子三角形 (atomic or primitive triangles)，亦即除了三個頂點之外，三邊及內部皆不含格子點之三角形，見圖 14–15，其面積皆為 $\frac{1}{2}$，並且可用(7)式來計算：$\frac{3}{2} + 0 - 1 = \frac{1}{2}$。因此，對於原子三角形，上述(7)式成立。

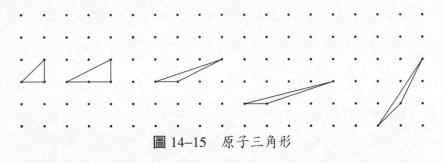

圖 14–15　原子三角形

2. 其次，我們觀察到，對於任意的單純多邊形都可以先分割成三角形（即三角形化），再進一步分割成原子三角形之組合（這叫做原子化），見圖 14–16。

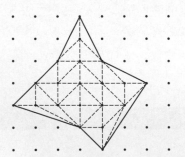

圖 14–16　任意多邊形之三角形化與原子化

3. 最後考慮任何單純多邊形 Γ。將它分割成兩個單純多邊形 Γ_1 與 Γ_2，見圖 14–17。設 Γ 有 b 個邊界點、i 個內點，並且 Γ_1 與 Γ_2 分別有 b_1 個與 b_2 個邊界點、有 i_1 個與 i_2 個內點。再設 Γ_1 與 Γ_2 有 b_3 個共同的邊界點，則

$$b = b_1 + b_2 - 2b_3 + 2$$

$$i = i_1 + i_2 + b_3 - 2$$

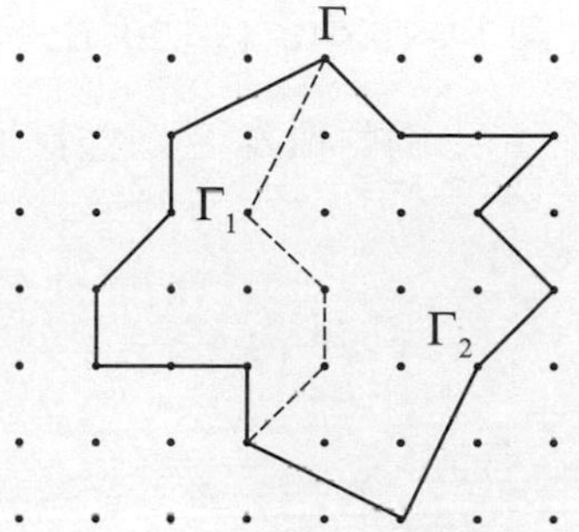

圖 14-17　單純多邊形的分割

所以

$$\frac{b}{2} + i - 1 = (\frac{b_1}{2} + i_1 - 1) + (\frac{b_2}{2} + i_2 - 1)$$

因此，公式(7)在分割下，具有加性 (additivity)。

上述三個步驟綜合起來，我們就證明了(7)式。一旦猜測有了證明，就成為定理。

定理 1：（Pick 定理，西元 1899 年）

　　設 Γ 為平面上以格子點為頂點之單純多邊形，則其面積為

$$A = \frac{b}{2} + i - 1 \tag{8}$$

　　其中 b 為邊界上的格子點數，i 為內部的格子點數。

---

(8)式叫做 Pick 公式。

　　在上述證明中，單純多邊形經過原子化後，成為一個連通的平面圖枝 (a connected plane graph)。著名的歐拉 (Euler) 公式告訴我們，對於任何連通的平面圖枝（不限於格子點圖枝）恆有：

$$V - E + F = 2 \tag{9}$$

其中 V 表示圖枝的頂點（vertices）個數（即 $V = b + i$），E 表示稜線 (edges) 的個數，F 表示平面被圖枝分割所成的塊數（其中最外的一塊是無界的）。例如，在圖 14–16 中，$V = 20, E = 49, F = 31$。

因為每一個原子三角形的面積為 $\frac{1}{2}$，並且總共有 $F - 1$ 個，所以原來單純多邊形的面積為：

$$A = \frac{1}{2}(F - 1) \tag{10}$$

由歐拉公式與 $V = b + i$ 得到：

$$A = 1 - \frac{b}{2} - \frac{i}{2} + \frac{E}{2} \tag{11}$$

再由 Pick 公式，可知：

$$\frac{1}{2} - \frac{b}{2} - \frac{i}{2} + \frac{E}{2} = \frac{b}{2} + i - 1$$

於是我們得到稜線的個數為：

$$E = 2b + 3i - 3 \tag{12}$$

事實上，這個公式對於一般連通的可三角形化的平面圖枝（不限於格子點圖枝）都成立。

定理 2：（稜線定理，Edge Theorem）

對於任意連通的可三角形化的平面圖枝，其稜線的個數恆為

$$E = 2b + 3i - 3 \tag{13}$$

其中 b 與 i 分別表示圖枝邊界上的頂點數與內部的頂點數。

證明：我們分成三個步驟：

　　1.最簡單的情形是 $b = 3, i = 0$，圖枝只含一個三角形，此時 $E = 3$，故公式(13)成立。

2. 若在三角形的內部增加一個頂點，則 E 增加 3。此時(13)式也成立。

3. 假設一個連通的可三角形化的平面圖枝滿足(13)式（即 $E = 2b + 3i - 3$），今在其外部增加一個新的邊界頂點，使得原來圖枝的邊界頂點有 m 個變成內部頂點（m 可能等於 0），則 E 增加 $m + 2$。於是由 $E = 2b + 3i - 3$ 得：

$$E + m + 2 = 2(b + 1 - m) + 3(i + m) - 3$$

換言之，對於新的圖枝而言，(13)式仍然成立。按數學歸納法，我們就證明了(13)式。

由稜線定理與歐拉公式，我們也可以推導出 Pick 定理，這就是下面要介紹的 Pick 定理之第二種證法：

根據 $V = b + i$, $E = 3i + 2b - 3$, $V - E + F = 2$，以及面積 $A = \frac{1}{2}(F - 1)$，立即可算得：

$$A = \frac{b}{2} + i - 1$$

反過來，由 Pick 定理與稜線定理也可以推導出歐拉公式（見參考資料 [19]）。

由 Pick 定理知，以格子點為頂點之多邊形，其面積必為有理數，但是正三角形的面積為無理數，所以我們有了

推論：以格子點為頂點之正三角形不存在。

事實上，我們可以證得一般結果，如下：

定理 3:

正方形是唯一以格子點為頂點之正多邊形。

Pick 定理的推廣

一個好的數學結果，除了定理本身漂亮之外，更要緊的是它要具有推廣的潛力，能在許多相關結果中占有樞紐的地位。Pick 定理就具有這樣的推廣潛力。

Pick 定理有許多方向的推廣。例如，它可以推廣到更一般的多邊形，邊可以交叉，中間可以挖掉多邊形；也可以推廣到不同形式的格子點，如正六邊形格子點；更可推廣到三維空間的多面體之情形。

本節我們不討論這些推廣，僅列出參考資料 [13]～[21]，供有興趣的讀者進一步去追尋。

其它的求面積公式

平面上的多邊形，有各式各樣的面積公式，端視所給的數據而定。除了本文所介紹的 Pick 公式之外，還有 Heron 公式與測量師公式，構成三足鼎立的求面積三個重要公式。

一、Heron 公式及其推廣

對於三角形的情形，如果已知三邊的長為 a, b, c，令 $s = \frac{1}{2}(a+b+c)$，則其面積為

$$\sqrt{s(s-a)(s-b)(s-c)} \tag{14}$$

推廣到四邊形，有兩種情形（詳見第 13 節）。

1. 當四邊形的邊長為 a, b, c, d 且內接於一圓時，令 $s = \frac{1}{2}(a+b+c+d)$，則其面積為

$$\sqrt{(s-a)(s-b)(s-c)(s-d)} \qquad (15)$$

這叫做 Brahmagupta 公式。

2. 對於任意四邊形，其面積為

$$\sqrt{(s-a)(s-b)(s-c)(s-d)} - abcd \cos^2(\frac{B+D}{2}) \qquad (16)$$

其中 B 與 D 為四邊形一對的對角。這叫做 Bretschneider 公式。值得注意的是，要再推廣到五邊形以上，就行不通了。

二、測量師公式 (A surveyor's formula)

一個 n 邊形 $A_1 A_2 \cdots A_n$，其頂點按逆時針方向來配置並且坐標為 $A_k = (x_k, y_k), k = 1, 2, \cdots, n$，則面積為

$$\frac{1}{2} \sum_{k=1}^{n} \begin{vmatrix} x_k & x_{k+1} \\ y_k & y_{k+1} \end{vmatrix} \qquad (17)$$

其中規定 $x_{n+1} = x_1$，且 $y_{n+1} = y_1$。

在上述三類公式中，要以測量師公式最具推廣潛力，因為它可以「連續化」。例如：平面上逆時針方向的封閉曲線 $x = x(t), y = y(t)$, $t \in [\alpha, \beta]$，所圍成領域的面積為：

$$\frac{1}{2} \oint \begin{vmatrix} x & x+dx \\ y & y+dy \end{vmatrix} = \frac{1}{2} \oint x dy - y dx$$

$$= \frac{1}{2} \int_{\alpha}^{\beta} [x(t)y'(t) - y(t)x'(t)]dt \qquad (18)$$

若再推廣，就得到著名的 Green 定理，而溶匯入微積分的數學主流。這好像是一條大河，一路上匯集各支流，最後終於流入大海。

Tea Time

　　歸納、類推、大膽假設，然後透過新的觀測不斷修正，這是大自然提供我們的美妙技巧，也是求得真理的主要方法。

——Laplace——

15

輾轉相除法、
黃金分割與費氏數列

Dirichlet 在他的《數論》一書中
說：本書的整個結構奠定在一塊基石
上面，即計算兩個整數的最大公因數
（輾轉相除法）。

費氏數列除了跟數學與大自然有
關之外，還跟股價的波動緊密相連。

考慮兩個自然數 51 與 30，求它們的最大公因數（又叫最大公因數，g.c.d.）有種種辦法：

1. 求公因數法

$$3 \overline{\left| 51, \quad 30 \right.}$$
$$\overline{ 17, \quad 10}$$

2. 因數分解法

$$51 = 3 \times 17, \, 30 = 2 \times 3 \times 5$$

3. 輾轉相除法

1	51	30	1
	30	21	
2	21	9	3
	18	9	
	3	0	

$$51 = 1 \times 30 + 21$$
$$30 = 1 \times 21 + 9$$
$$21 = 2 \times 9 + 3$$
$$9 = 3 \times 3$$

$$\{51, 30\} \rightarrow \{21, 30\} \rightarrow \{21, 9\} \rightarrow \{3, 9\} \rightarrow \{3, 0\}$$

因此 51 與 30 的最大公因數是 3，記成 $\gcd(51, 30) = 3$ 或 $G(51, 30) = 3$。如果是利用輾轉相除法，我們還知道恰好經過 4 步求得最大公因數，這個步數記成 $E(51, 30) = 4$。

在上述方法中，一般而言，最常用的是**輾轉相除法**（又叫做**歐氏算則**，Euclidean Algorithm）。由此引出了兩個兩變數函數

$$G: \mathbb{N} \times \mathbb{N} \rightarrow \mathbb{N}$$
$$E: \mathbb{N} \times \mathbb{N} \rightarrow \mathbb{N}$$

其中 $\mathbb{N}$ 表自然數集，$G(m, n)$ 表 m, n 的最大公因數，$E(m, n)$ 即如前所定義之步數。

本節我們要來探討這兩個函數及其所衍生的一些有趣的性質，尤其是歐氏對局 (Euclidean game)。我們發現這兩個函數居然跟黃金分割與**費氏數列** (Fibonacci sequence) 具有密切的關係，這是非常美妙而令人驚奇的事，值得介紹給大家。我們特別要著重在展示探索與發現的

歷程。在數學中，往往由一個簡單的事物切入，就可以尋幽探徑，走出一條通向真理與美的道路，這是數學的魅力所在。

　　輾轉相除法是如何起源的？我們先回顧一點兒數學史，以鑑往知來。

畢氏音律與逐步相減法

　　畢氏 (Pythagoras) 為了探求音律，利用單弦琴 (monochord) 作實驗，發現當兩個音的弦長為簡單整數比時，是諧和悅耳的（參見參考資料 [22]）。例如，$2:1, 3:2, 4:3, 5:4$ 分別是八度、五度、四度及三度音程。

　　這些弦長之比是如何求得的呢？

　　畢氏是利用逐步相減法 (the successive subtraction) 求得的：考慮 a, b 兩弦，不妨設 $a > b$

1. 從較大的 a 減去較小的 b，得 $a - b$；若 $a - b$ 仍大於 b，再減去 b 得 $a - 2b$；……，直到 $a - k_1 b \le b$，其中 $k_1 \in \mathbb{N}$。

2. 仿前述之法，從較大的 b 減去較小的 $a - k_1 b$，……，直到 $b - k_2(a - k_1 b) \le a - k_1 b$。

3. 按上述要領反覆做下去，畢氏相信經有限步的輾轉相減後必可到達 0，計算就結束。在 0 之前最後一個不為零的數，記為 d。

則存在兩個自然數 m 與 n，使得

$$a = md, b = nd \tag{1}$$

並且 d 是滿足(1)式的最長弦段，叫做 a 與 b 的最大共度單位，此時我們也說 a 與 b 是**可共度的** (commensurable)。從而得到

$$a:b = m:n$$

為整數比。我們不妨將上述的演算叫做**輾轉相減法**。

當 a, b 是兩個自然數的情形，上述輾轉相減法求得的最大共度單位 d 就是 a 與 b 的**最大公因數**。例如：對 108 與 72 施行輾轉相減法的結果是

$$\{\, 108, 72 \,\} \rightarrow \{\, 36, 72 \,\} \rightarrow \{\, 36, 36 \,\} \rightarrow \{\, 0, 36 \,\}$$

因此經過 3 步的演算求得 108 與 72 的最大公因數是 36。我們記 $P(108, 72) = 3$，表示演算的步數。

一般而言，任意給兩個自然數 m 與 n，按畢氏輾轉相減法求最大公因數，都可求得其演算步數 $P(m, n)$。從而定義出步數函數

$$P : \mathbb{N} \times \mathbb{N} \rightarrow \mathbb{N}$$

如果將畢氏的輾轉相減法作精簡，步步採用扣盡的方式就得到歐氏的輾轉相除法。因此，輾轉相除法的步數小於等於輾轉相減法的步數，即

$$E(m, n) \le P(m, n), \ \forall (m, n) \in \mathbb{N} \times \mathbb{N} \tag{2}$$

輾轉相除法的步數函數

我們已經定義了 G, E, P 三個兩變數函數。面對一個函數，我們自然要問：它具有什麼性質？最好的情況是由一些性質就能夠求出函數的明白表達式，當然這往往辦不到。即使如此，我們還是可對函數作一些有趣的研究。

我們最感興趣的是 E 函數。顯然，它具有下列三個性質：對於任意 $(m, n) \in \mathbb{N} \times \mathbb{N}$，

1. $E(m, n) \ge 1$，但是沒有上界。

2. $E(m, n) = E(n, m)$（對稱性）。

3. 若 m 可整除 n 或 n 可整除 m，則 $E(m, n) = 1$。

進一步，我們列出 E 函數的圖表，作觀察以找尋出較深刻的性質或規律。

表 15-1　E 函數的數值表

$n \backslash m$	1	2	3	4	5	6	7	8	9	10	11	12	13	14	15
15	1	2	1	3	1	2	2	3	3	2	4	2	3	2	1
14	1	1	3	2	3	2	1	3	4	3	4	2	2	1	2
13	1	2	2	2	4	2	3	5	3	3	3	2	1	2	3
12	1	1	1	1	3	1	4	2	2	2	2	1	2	2	2
11	1	2	3	3	2	3	4	4	3	2	1	2	3	4	4
10	1	1	2	2	1	3	3	2	2	1	2	2	3	3	2
9	1	2	1	2	3	2	3	2	1	2	3	2	3	4	3
8	1	1	3	1	4	2	2	1	2	2	4	2	(5)	3	3
7	1	2	2	3	3	2	1	2	3	3	4	4	3	1	2
6	1	1	1	3	2	1	2	2	2	3	3	1	2	2	2
5	1	2	3	2	1	2	3	(4)	3	1	2	3	4	3	1
4	1	1	2	1	2	2	3	1	2	2	3	1	2	2	3
3	1	2	1	2	(3)	1	2	3	1	2	3	1	2	3	1
2	1	1	(2)	1	2	1	2	1	2	1	2	1	2	1	2
1	(1)	1	1	1	1	1	1	1	1	1	1	1	1	1	1

我們發現：對於固定的 n（或 m），偏函數 (partial function)

$$E(\cdot, n):\mathbb{N} \to \mathbb{N}\text{（或 }E(m, \cdot):\mathbb{N} \to \mathbb{N})$$

從對角線之元素開始為一個週期函數，週期為 n（或 m）。

對於指定的步數 $k = 1, 2, 3, \cdots$，我們要問：什麼樣的自然數 m 與 n 可使 $E(m, n) = k$？

　　顯然，對於固定的 k，這有無窮多組解答；而且並不是一味地讓 m 或 n 變大就可讓 $E(m, n)$ 變大。例如 $E(13, 8) = E(1653, 164) = 5$。由表 15–1 我們看出，要讓 $E(m, n)$ 逐步增大可以這樣思考：對於固定的 n，考慮橫列 $\{E(m, n) : m \in \mathbb{N}\}$。基本上這是一個週期數列，故有最大項。我們求 $E(m, n)$ 之最大值，但是 m 取最小值，結果如下：

當 $n = 1$ 時，$E(\cdot, 1)$ 的最大值為 $E(1, 1) = 1$，此時 $m = 1$；

當 $n = 2$ 時，$E(\cdot, 2)$ 的最大值為 $E(3, 2) = 2$，此時 $m = 3$；

當 $n = 3$ 時，$E(\cdot, 3)$ 的最大值為 $E(5, 3) = 3$，此時 $m = 5$；

當 $n = 4$ 時，$E(\cdot, 4)$ 的最大值為 $E(7, 4) = 3$，沒有增大；

當 $n = 5$ 時，$E(\cdot, 5)$ 的最大值為 $E(8, 5) = 4$，此時 $m = 8$；

當 $n = 6$ 或 7 時，$E(\cdot, 6)$ 與 $E(\cdot, 7)$ 的最大值分別為 3 與 4，都沒有增大；

當 $n = 8$ 時，$E(\cdot, 8)$ 的最大值為 $E(13, 8) = 5$，此時 $m = 13$；

……等等。

因此，我們得到

$$E(1, 1) = 1, E(3, 2) = 2, E(5, 3) = 3,$$
$$E(8, 5) = 4, E(13, 8) = 5, \cdots \tag{3}$$

其中赫然出現的數列

$$\begin{array}{ccccccc}
1, & 1, & 2, & 3, & 5, & 8, & 13, \cdots \\
\| & \| & \| & \| & \| & \| & \| \\
F_1, & F_2, & F_3, & F_4, & F_5, & F_6, & F_7, \cdots
\end{array}$$

恰好是鼎鼎著名的費氏數列，這實在很奇妙。

　　費氏數列是由 1, 1 出發，接著是後項等於前兩項相加，如此所構成的，即

$$F_1 = 1, F_2 = 1, F_{n+2} = F_{n+1} + F_n, n = 1, 2, 3, \cdots \tag{4}$$

由(3)式我們可以猜測到：對於任意自然數 n

$$E(F_{n+2}, F_{n+1}) = n \tag{5}$$

事實上，這可用輾轉相除法加以證明：

$$F_{n+2} = 1 \cdot F_{n+1} + F_n$$
$$F_{n+1} = 1 \cdot F_n + F_{n-1}$$
$$\vdots$$
$$F_4 = 1 \cdot F_3 + F_2$$
$$F_3 = 2 \cdot F_2$$

一共是做了 n 次的演算。另一方面，F_{n+2} 與 F_{n+1} 是最小的兩自然數，滿足(5)式者。

定理 1：

設 (F_n) 為費氏數列，則

(i) $E(F_{n+2}, F_{n+1}) = n$。

(ii) 在滿足 $E(a, b) = n$ 的所有兩自然數 a 與 b 之中，以 F_{n+2} 與 F_{n+1} 為最小。

證明：我們只需證明第 (ii) 項。

假設 $E(b_{n+2}, b_{n+1}) = n$ 且 $b_{n+1} < b_{n+2}$。令輾轉相除的 n 個步驟為

$$b_{n+2} = k_n b_{n+1} + b_n, \quad (0 < b_n < b_{n+1})$$
$$b_{n+1} = k_{n-1} b_n + b_{n-1}, \quad (0 < b_{n-1} < b_n)$$
$$\vdots \tag{6}$$
$$b_5 = k_3 b_4 + b_3, \quad (0 < b_3 < b_4)$$
$$b_4 = k_2 b_3 + b_2, \quad (0 < b_2 < b_3)$$
$$b_3 = k_1 b_2$$

其中所有的數皆為自然數，至少為 1。特別地，$k_1 \neq 1$，否則 $b_3 = b_2$，這就跟 $0 < b_2 < b_3$ 矛盾。因此 $k_1 \geq 2$。逆著上述輾轉相除的步驟得到

$$b_2 \geq 1 = F_2$$
$$b_3 \geq 2 \cdot 1 = 2 = F_3$$
$$b_4 \geq 1 \cdot 2 + 1 = 3 = F_4$$
$$b_5 \geq 1 \cdot 3 + 2 = 5 = F_5$$
$$b_6 \geq 1 \cdot 5 + 3 = 8 = F_6$$
······等等

故 (b_n) 的各項大於等於費氏數列 (F_n) 的對應項。欲 (b_n) 的各項儘可能地小，只需在(6)式中取最小的 $b_2 = 1$, $k_1 = 2$, $k_i = 1$, $i = 2, 3, 4, \cdots$ 就得到費氏數列

$$b_2 = F_2, \, b_3 = F_3, \cdots, \, b_n = F_n, \cdots$$

至此，第 (ii) 項證畢。

顯然，$E(m, n)$ 無上界。我們進一步想知道它的增長行為。根據上述，我們只需考慮 (m, n) 是費氏數列 (F_n) 相鄰兩項的情形。觀察表 15–1 可知：

1. 當 $0 < n \leq 8$ 時，$E(m, n) \leq 5$ 且 F_n 是一位數。

2. 當 $8 < n \leq 89$ 時，$E(m, n) \leq 10$ 且 F_n 是二位數。

3. 當 $89 < n \leq 987$ 時，$E(m, n) \leq 15$ 且 F_n 是三位數。

在這些觀察下，我們猜測到：對任意兩自然數 m 與 n，$m > n$，恆有

$$E(m, n) \leq 5 \times （n \text{ 的位數}） \tag{7}$$

如何證明呢？假設 $E(m, n) = k$，記 $a_{k+2} = m$, $a_{k+1} = n$。令 a_{k+2} 與 a_k 的 k 個步驟之輾轉相除為

$$a_{k+2} = q_k \cdot a_{k+1} + a_k, \, (0 < a_k < a_{k+1})$$
$$a_{k+1} = q_{k-1} \cdot a_k + a_{k-1}, \, (0 < a_{k-1} < a_k)$$
$$\vdots$$
$$a_4 = q_2 \cdot a_3 + a_2, \, (0 < a_2 < a_3)$$
$$a_3 = q_1 \cdot a_2$$

仿定理 1 的證明之論證知

$$q_1 \geq 2, a_3 \geq F_3, a_4 \geq F_4, \cdots, n = a_{k+1} \geq F_{k+1} \tag{8}$$

設 n 為 ℓ 位數，我們要利用(8)式來證明

$$k \leq 5 \cdot \ell \tag{9}$$

為此，我們需利用費氏數列的一個增長性質：觀察費氏數列 $F_1 = 1$, $F_2 = 1$, $F_3 = 2$, $F_4 = 3$, $F_5 = 5$, $F_6 = 8$, $F_7 = 13$, $F_8 = 21$, $F_9 = 34$, $F_{10} = 55, \cdots$ 得知

$$F_{2+5} = F_7 = 13 > 10 = 10 \cdot F_2$$
$$F_{3+5} = F_8 = 21 > 20 = 10 \cdot F_3$$
$$F_{4+5} = F_9 = 34 > 30 = 10 \cdot F_4$$

一般而言

$$\begin{aligned}
F_{n+5} &= F_{n+4} + F_{n+3} = 2F_{n+3} + F_{n+2}\\
&= 3F_{n+2} + 2F_{n+1} = 5F_{n+1} + 3F_n\\
&= 8F_n + 5F_{n-1} = 13F_{n-1} + 8F_{n-2}\\
&= 21F_{n-2} + 13F_{n-3} > 20F_{n-2} + 10F_{n-3} = 10F_n \tag{10}
\end{aligned}$$

因此，F_{n+5} 至少比 F_n 要多一位數。由(10)式得

$$F_{n+5\ell} > 10^\ell F_n, \, n = 2, 3, \cdots, \, \ell = 1, 2, \cdots \tag{11}$$

回到(9)式之證明，我們利用反證法。若(9)式不成立，即若 $k > 5\ell$，則 $k \geq 5\ell + 1$，故

$$n \geq F_{k+1} \geq F_{5\ell+2} \geq F_2 \cdot 10^\ell = 10^\ell$$

這表示 n 至少有 $\ell + 1$ 位數，矛盾。因此，(9)式成立。

定理 2：（Lame 定理，西元 1844 年）

對任意兩自然數 m 與 n, $m > n$, 恆有

$$1 \leq E(m, n) \leq 5 \times \text{（} n \text{ 的位數）} \tag{12}$$

注意：在(12)式中，5 是「**最佳可能值**」(the best possible value)，即將 5 改為較小的自然數時，(12)式就不成立了。

費氏數列與黃金分割

　　費氏數列的模式 (pattern) 在自然界及數學的許多地方一再地出現，內容豐富而美麗，這是它深具興味的理由。

　　Fibonacci 觀察兔子的繁殖現象，在西元 1202 年提出今日所謂的費氏數列。假設任何一對新生兔子，經過兩個月後，開始生育一對兔子，其後每隔一個月生育一對兔子。今在年初有一對新兔，繁殖到年末，問一共有幾對兔子？

　　按月記錄下兔子的總對數就是費氏數列 1, 1, 2, 3, 5, 8, 13, ……。因此第十二個月末共有 144 對兔子。

　　在 Pascal 三角形中（二項式定理及開方術）也隱含有費氏數列。Pascal 三角形（又叫做算術三角形或楊輝三角形）如圖 15–1。這些數是由二項展開定理的係數組成的。將它們重新排列成下形，那麼水平各項之和形成費氏數列，斜線各項是二項式定理的係數，垂直列代表兔子各代子孫的對數，例如第九個月的 1, 7, 15, 10, 1 表示親代有一對，子代有 7 對，孫代有 15 對，曾孫代有 10 對，（曾孫）^{2} 代有 1 對（五世同堂），參見下圖 15–1。

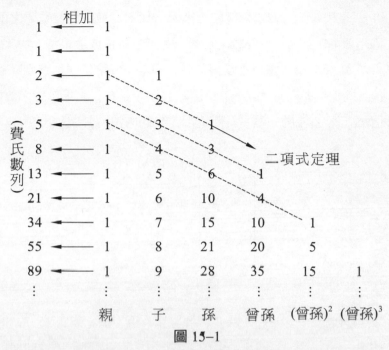

圖 15–1

費氏數列有許多有趣的性質，其證明可參考參考資料 [24]：

定理 3:

1. 費氏數列任何相鄰兩項皆互質，即

$$\gcd(F_n, F_{n+1}) = 1$$

2. 費氏數列的首 n 項之和為 $F_{n+2} - 1$

3. 費氏數列 (F_n) 滿足恆等式

$$F_n^2 = F_{n-1}F_{n+1} + (-1)^{n-1}, \forall n \geq 2$$

特別地，當 $n = 2m$ 為偶數時，恆有

$$F_{2m}^2 = F_{2m-1}F_{2m+1} - 1 \tag{13}$$

4. $F_n F_{n+3} - F_{n+1}F_{n+2} = (-1)^{n-1}, \forall n \in \mathbb{N}$ $\tag{14}$

(13)式是周知的一個幾何謎題之來源。例如，考慮邊長是 8 之正方形，面積為 64。如圖 15-2，將它分割成四塊，再併成邊長是 5 與 13 的長方形，面積為 65。這似乎是個矛盾，相差一個單位面積跑到哪裡？這很容易解釋：事實上 A, B, C, D 四點並不全落在長方形的對角線上，它們構成面積為 1 的一個平行四邊形，作圖時沒將其表現出來。

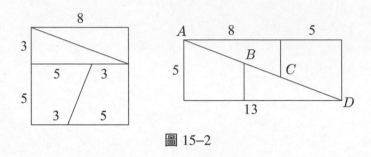

圖 15-2

對於任意費氏數 F_{2m}，以 F_{2m} 為邊作一正方形，如圖 15-3，將它分割成甲、乙、丙、丁四塊，再重排成圖 15-4，中間的平行四邊形具有單位面積，這就是(13)式之圖解。

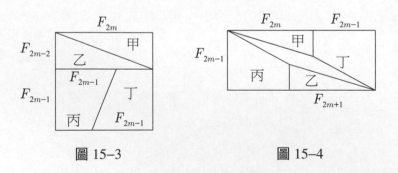

圖 15-3   圖 15-4

考慮費氏數列相鄰兩項的比值，例如後項比前項 $b_n = \dfrac{F_{n+1}}{F_n}$：

$$b_1 = \frac{1}{1} = 1, \, b_2 = \frac{2}{1} = 2$$

$$b_3 = \frac{3}{2} = 1.5, \, b_4 = \frac{5}{3} = 1.66 \cdots$$

$$b_5 = \frac{8}{15} = 1.6, \, b_6 = \frac{13}{8} = 1.625$$

$$b_7 = \frac{21}{13} = 1.615 \cdots, \, b_8 = \frac{34}{21} = 1.619 \cdots$$

$$\vdots \qquad\qquad \vdots \tag{15}$$

我們發現數列 (b_n) 的奇數項所成的子序列 (subsequence) 是遞增的，而偶數項是遞減的，形成左右夾逼的兩隊小兵，越來越接近。因此，我們順理成章可以「猜想」得知數列 (b_n) 的極限值存在。

❓ 問題：

$$\lim_{n \to \infty} b_n = ?$$

通常的求法是，由 $F_{n+2} = F_{n+1} + F_n$，兩邊同除以 F_{n+1} 得

$$b_{n+1} = 1 + \frac{1}{b_n} \tag{16}$$

令 $\phi = \lim\limits_{n \to \infty} b_n$，則

$$\phi = 1 + \frac{1}{\phi} \tag{17}$$

$$\phi^2 - \phi - 1 = 0 \tag{18}$$

解得

$$\phi = \frac{1 \pm \sqrt{5}}{2} \text{（負不合）}$$

注意到：在上述論證中，如果極限 $\lim\limits_{n \to \infty} b_n$ 存在，則 $\lim\limits_{n \to \infty} b_n = \frac{1 + \sqrt{5}}{2}$；但是如果 $\lim\limits_{n \to \infty} b_n$ 不存在，則可能導出矛盾的結果。

例如，由 $x^2 = 5$ 得 $x = \dfrac{5}{x}$。定義數列 (a_n) 為：$a_1 = 3$, $a_{n+1} = \dfrac{5}{a_n}$, $n = 1, 2, \cdots$。如果令 $\lim\limits_{n \to \infty} a_n = \alpha$，則得

$$\alpha = \frac{5}{\alpha}, \quad 即 \ \alpha^2 = 5$$

解得 $\alpha = \pm\sqrt{5}$（負不合），所以

$$\lim_{n \to \infty} a_n = \sqrt{5}$$

但是仔細觀察數列 (a_n)：

$$a_1 = 3, \ a_2 = \frac{5}{3}, \ a_3 = 3, \ a_4 = \frac{5}{3}, \cdots$$

它以 $3, \dfrac{5}{3}$ 不止息地循環，故不收斂。這跟 $\lim\limits_{n \to \infty} a_n = \sqrt{5}$ 矛盾。

民國八十二年大學聯招自然組數學，有一道證明題：設 $a_0 = 1$, $a_{n+1} = \sqrt{1 + a_n}$, $n = 0, 1, 2, \cdots$。

(i) 試證 $1 \le a_n \le \dfrac{1 + \sqrt{5}}{2}$，其中 $n = 0, 1, 2, \cdots$。

(ii) 試證 $a_n \le a_{n+1}$，其中 $n = 0, 1, 2, \cdots$。

(iii) 當 $n \to \infty$ 時，試證 a_n 趨近於一定值。

事實上，這題就是要證明數列 (a_n) 遞增且有上界，則由實數系的完備性知 $\lim\limits_{n \to \infty} a_n = \alpha$ 存在。然後由 $a_{n+1} = \sqrt{1 + a_n}$ 得 $\alpha = \sqrt{1 + \alpha}$，解得 $\alpha = \dfrac{1 + \sqrt{5}}{2}$。

對於前述數列 (b_n)，我們有

定理 4：

(i) (b_{2n+1}) 是遞增的。

(ii) (b_{2n}) 是遞減的。

(iii) $b_{2n-1} < b_{2n}$, $\forall n \in \mathbb{N}$。

(iv) $1 \leq b_n \leq 2$, $\forall n \in \mathbb{N}$。

(v) $|b_{n+1} - b_n| \to 0$, 當 $n \to \infty$。

證明：

(i) $b_{2n+3} - b_{2n+1} = \dfrac{F_{2n+4}}{F_{2n+3}} - \dfrac{F_{2n+2}}{F_{2n+1}} = \dfrac{F_{2n+1}F_{2n+4} - F_{2n+2}F_{2n+3}}{F_{2n+3}F_{2n+1}}$

由定理 3，分子等於 1，因此 $b_{2n+3} - b_{2n+1} > 0$，亦即 (b_{2n+1}) 是遞增的。

(ii) 同理可證 (b_{2n}) 是遞減的。

(iii) $b_{2n} - b_{2n-1} = \dfrac{F_{2n+1}}{F_{2n}} - \dfrac{F_{2n}}{F_{2n-1}} = \dfrac{F_{2n-1}F_{2n+1} - F_{2n}^2}{F_{2n-1}F_{2n}}$

由定理 3 知，分子等於 1，故 $b_{2n} - b_{2n-1} > 0$，即 $b_{2n-1} < b_{2n}$。

(iv) 由 $b_1 = 1$ 與 $b_2 = 2$，配合上述 (i) 到 (iii) 就得證 $1 \leq b_n \leq 2$，$\forall n \in \mathbb{N}$。

(v) 由(16)式知

$$|b_{n+1} - b_n| = \left| 1 + \frac{1}{b_n} - b_n \right| = \left| 1 + (1 + \frac{1}{b_{n-1}})^{-1} - (1 + \frac{1}{b_{n-1}}) \right|$$

$$= \left| \frac{b_{n-1}^2 - b_{n-1} - 1}{b_{n-1}(1 + b_{n-1})} \right| \tag{19}$$

同理可得

$$|b_n - b_{n-1}| = \left| 1 + \frac{1}{b_{n-1}} - b_{n-1} \right| = \left| \frac{b_{n-1}^2 - b_{n-1} - 1}{b_{n-1}} \right| \tag{20}$$

由(19)與(20)兩式及 $b_{n-1} \geq 1$ 知

$$\left| \frac{b_{n+1} - b_n}{b_n - b_{n-1}} \right| = \left| \frac{1}{1 + b_{n-1}} \right| \leq \frac{1}{2}$$

因此

$$|b_{n+1} - b_n| \leq \frac{1}{2}|b_n - b_{n-1}| \leq \frac{1}{2^n}|b_{n-1} - b_{n-2}| \leq \cdots$$

$$\leq (\frac{1}{2})^{n-1}|b_2 - b_1| = 2^{-n+1} \to 0 \qquad (當 \ n \to \infty \ 時)$$

證畢。

由實數系完備性的 **區間套原理** (the nested intervals principle) 可知，極限 $\lim\limits_{n \to \infty} b_n$ 確實存在。因此，我們得到

定理 5：

$$\lim_{n \to \infty} b_n = \lim_{n \to \infty} \frac{F_{n+1}}{F_n} = \frac{1 + \sqrt{5}}{2} = 1.618 \cdots \tag{21}$$

這個數就是著名的 **黃金分割比值** (Golden ratio)。所謂 **黃金分割** (Golden section) 就是將一個線段分割成大小兩段，使得

$$全段：大段 = 大段：小段 \tag{22}$$

若令全段為 1，大段為 x，則小段為 $1-x$，從而

$$1 : x = x : 1 - x$$

亦即

$$x^2 + x - 1 = 0$$

解得

$$x = \frac{-1 \pm \sqrt{5}}{2} \text{（負不合）}$$

因此

$$x = \frac{-1 + \sqrt{5}}{2} \doteqdot 0.618$$

此數叫做**黃金數** (Golden number)。從而黃金分割比值 $1:x$ 為

$$\frac{1}{x} = \frac{1 + \sqrt{5}}{2} \doteqdot 1.618$$

注意：$\dfrac{1 + \sqrt{5}}{2}$ 與 $\dfrac{-1 + \sqrt{5}}{2}$ 互為倒數。

　　費氏數列與黃金分割還有許多奇特的性質，這些都有專書討論，例如參考資料 [22] 與 [23]。西元 1963 年後還發行 *The Fibonacci Quanterly* 之專門雜誌來推動這方面的研究。

歐氏對局

　　從畢氏求音律的輾轉相減法精煉成步步扣盡的歐氏輾轉相除法，以求最大共度單位或最大公因數，其步數從最多的 $P(m, n)$ 變成最少的 $E(m, n)$，介於其間的就是所謂的歐氏對局，這是兩人玩的一種數學遊戲。

　　歐氏對局的比賽規則如下：雙方各自寫一個自然數，猜拳以決定誰先手。先手者從較大的數扣去較小數的任何倍數，但不能使差變成負數，後手亦然。兩人輪流對局，最先得到一對數含有一個零者得勝。例如，甲、乙兩人分別寫出 78 與 35 兩個數，假設甲是先手，整個對局過程可以是：

1. $\{78, 35\} \overset{甲}{\to} \{43, 35\} \overset{乙}{\to} \{8, 35\} \overset{甲}{\to} \{8, 11\} \overset{乙}{\to} \{8, 3\} \overset{甲}{\to} \{2, 3\}$
   $\overset{乙}{\to} \{2, 1\} \overset{甲}{\to} \{0, 1\}$,

   經過 7 步甲先手得勝。也可以是:

2. $\{78, 35\} \overset{甲}{\to} \{8, 35\} \overset{乙}{\to} \{8, 11\} \overset{甲}{\to} \{8, 3\} \overset{乙}{\to} \{2, 3\} \overset{甲}{\to} \{2, 1\} \overset{乙}{\to} \{0, 1\}$,

   經過 6 步乙後手得勝。

一般而言, 任給兩個自然數 m 與 n, 令 $L(m, n)$ 表示歐氏對局的步數, 則

$$L : \mathbb{N} \times \mathbb{N} \to \mathbb{N}$$

為一個「多值函數」, 並且

$$E(m, n) \le L(m, n) \le P(m, n) \tag{23}$$

換言之, 歐氏對局的步數可在 $E(m, n)$ 與 $P(m, n)$ 之間變化, 因而存在有講究對局藝術的空間。

❓ 問題:

先手必勝嗎?

許多時候, 兩人的對局, 先手較有利, 甚至先手必勝。例如: 在一個正方形的桌面上, 兩人輪流放置一個 10 元硬幣, 最先沒有空位放置硬幣的人就輸。顯然, 這是先手必勝的對局, (致勝之道是什麼?) 又如下圍棋或打網球, 先手較有利, 常言道:「先下手為強」也。

但是, 歐氏對局則不然, 先手不一定有利, 例如:

1. $\{5, 8\} \to \{5, 3\} \to \{2, 3\} \to \{2, 1\} \to \{0, 1\}$, 恰好 4 步, 故先手必敗;

2. $\{4, 7\} \to \{4, 3\} \to \{1, 3\} \to \{1, 0\}$, 恰好 3 步, 故先手必勝。

我們也可以用歸謬法來證明歐氏對局先手不一定有利：我們稱任意兩自然數 $\{a, b\}$ 為一個**狀相** (configuration)。假設由任意狀相出發，先手必勝。考慮狀相 $\{m, n\}$，不妨設 $m < n$ 且 n 不是 m 的整倍數。如果先手者可將 n 扣掉某 k 倍的 m ($0 < k < \frac{n}{m}$, $k \in \mathbb{N}$)，成為 $\{m, n'\}$ ($n' = n - km$)，使得後手者必敗，那麼先手者若遇到狀相 $\{m, n'\}$，則必敗無疑，這就得到一個矛盾。

要知舉反例與歸謬法是幫助我們作思考、論證的利器，且不僅限於數學中才有用。

❓**問題：**

> 歐氏對局有無勝敗的規律？這個規律是什麼？在什麼條件下先手必勝？在先手必勝的條件下如何走法才可致勝？

為了研究這些問題，首先我們給出一些術語的定義，以方便使用。

利用歐氏輾轉相除法求兩自然數的最大公因數時，將狀相的演變過程寫下來，用箭頭連結起來，例如

$$\{7, 9\} \to \{7, 2\} \to \{1, 2\} \to \{1, 0\} \qquad (24)$$

就叫做一條**歐氏路徑** (Euclidean path)。此路徑的長為 4，經過 $E(7, 9) = 3$ 步求得最大公因數 1，路徑長與步數相當於植樹問題的樹數與間隔數一樣。

若兩自然數 m 與 n 滿足 $m < n < 2m$，那麼在作歐氏對局時，只能將 $\{m, n\}$ 變成 $\{m, n-m\}$，沒有第二種選擇，這種情形就稱 $\{m, n\}$ 為一個「死板狀相」，其它的狀相叫做「活絡狀相」。例如在(24)式中 $\{7, 9\}$ 為死板狀相；而 $\{7, 2\}$ 為一個活絡狀相，可以變為 $\{5, 2\}$ 或 $\{3, 2\}$ 或 $\{1, 2\}$，有兩種以上的選擇。

當 $2m \leq n$ 時，$\{m, n\}$ 為一個活絡狀相。令 ℓ_0 為 $\dfrac{n}{m}$ 的整數部分，則由 $\{m, n\}$ 可以變成 $\{m, n-m\}$ 或 $\{m, n-2m\}$ …… 或 $\{m, n-\ell_0 m\}$，一共有 ℓ_0 種走法。由 $\{m, n\}$ 變成 $\{m, n-\ell_0 m\}$ 的走法叫做「**扣盡走法**」(Ultimate move)（輾轉相除法就是一直用扣盡走法）；由 $\{m, n\}$ 變成 $\{m, n-(\ell_0-1)m\}$ 的走法叫做「**准扣盡走法**」(Penultimate move)。這是兩種致勝的關鍵走法。

下面我們遵循思考的常理來探求歐氏對局的勝敗規律。在求知的道路上，找到規律是最令人欣喜的事。

由於有對稱性，對於兩自然數 m 與 n 討論歐氏對局，只需考慮 $m \leq n$ 的情形，以下皆作此假設。

1. 只有一步的歐氏對局：當 m 可以整除 n 時，記為 $m \mid n$，則 $E(m, n) = 1$，例如 $E(2, 4) = E(1, 9) = E(5, 5) = 1$。這種情形先手必勝，而且一步就得勝。

2. 在歐氏路徑中，如果除了最後兩個狀相之外，其餘皆為死板狀相，則當 $E(m, n)$ 為奇數時，先手必勝，當 $E(m, n)$ 為偶數時，先手必敗。例如，當 m 與 n 是費氏數列相鄰兩項時，就是屬於這種情形，並且

$$E(1, 2) = 1, E(2, 3) = 2, E(3, 5) = 3$$
$$E(5, 8) = 4, E(8, 13) = 5, E(13, 21) = 6, \cdots$$

因此 $\{1, 2\}$, $\{3, 5\}$, $\{8, 13\}$, $\{21, 34\}$ … 都是先手必勝的狀相，而 $\{2, 3\}$, $\{5, 8\}$, $\{13, 21\}$ … 都是先手必敗的狀相，非常有規律。我們圖示如下：

先手必勝

1, 2, 3, 5, 8, 13, 21, 34, 55, ...

先手必敗

進一步，我們尋求勝敗的代數條件。在定理 5 中，我們已證過

$$\frac{3}{2} < \frac{8}{5} < \frac{21}{13} < \cdots < \frac{1+\sqrt{5}}{2} < \cdots < \frac{13}{8} < \frac{5}{3} < \frac{2}{1}$$

因此黃金分割比值 $\frac{1+\sqrt{5}}{2}$ 恰好是扮演勝敗的「楚河漢界」。

定理 6：

設 m 與 n 為費氏數列相鄰的兩項且 $m < n$，則

(i) 當 $\dfrac{n}{m} > \dfrac{1+\sqrt{5}}{2}$ 時，$\{m, n\}$ 為先手必勝之狀相；

(ii) 當 $\dfrac{n}{m} < \dfrac{1+\sqrt{5}}{2}$ 時，$\{m, n\}$ 為先手必敗之狀相；並且只有單純的扣盡走法而已。

對於不是相鄰的兩費氏數，乃至任意的兩自然數又如何？定理 6 的代數條件是否仍然成立？讓我們先用各種例子來試驗看看。

例 1：

考慮狀相 $\{5, 21\}$，若按輾轉相除法（扣盡走法），則得歐氏路徑

$$\{5, 21\} \to \{5, 1\} \to \{0, 1\}$$

這是先手必敗的局面，但是對於歐氏對局而言，$\{5, 21\}$ 是活絡狀相，先手者可以採用准扣盡走法而得到

$$\{5, 21\} \to \{5, 6\} \to \{5, 1\} \to \{0, 1\}$$

變成先手必勝的局面。我們注意到：$\dfrac{21}{5} > \dfrac{1+\sqrt{5}}{2}$，而先手者採准扣盡走法就是留給對手 $\{5, 6\}$ 狀相，滿足 $\dfrac{5}{6} < \dfrac{1+\sqrt{5}}{2}$。因此定理 6 也適用於 $\{5, 21\}$ 狀相。

例 2：

考慮狀相 $\{7, 10\}$，則歐氏路徑為
$$\{7, 10\} \to \{7, 3\} \to \{1, 3\} \to \{1, 0\}$$

似乎是先手必勝，其實不然! 因為 $\{7, 3\}$ 一個活絡狀相，由後手者掌控，採准扣盡走法就可致勝
$$\{7, 10\} \to \{7, 3\} \to \{4, 3\} \to \{1, 3\} \to \{1, 0\}$$

因此 $\{7, 10\}$ 是先手必敗之狀相。我們注意到 $\dfrac{10}{7} < \dfrac{1 + \sqrt{5}}{2}$，故定理 6 適用於 $\{7, 10\}$ 狀相。

例 3：

考慮狀相 $\{49, 107\}$，歐氏路徑為
$$\{49, 107\} \to \{49, 9\} \to \{4, 9\} \to \{4, 1\} \to \{1, 0\}$$

顯然 $\dfrac{107}{49} > \dfrac{1 + \sqrt{5}}{2}$，這是否先手必勝? 我們觀察到 $\{49, 107\}$，$\{49, 9\}$ 與 $\{4, 9\}$ 皆為活絡狀相，先手者握有主控權，採准扣盡走法必可致勝
$$\{49, 107\} \to \{49, 58\} \to \{49, 9\} \to \{13, 9\} \to \{4, 9\}$$
$$\to \{4, 5\} \to \{4, 1\} \to \{1, 0\}$$

先手者留給對方的狀相 $\{49, 58\}$，$\{13, 9\}$，$\{4, 5\}$ 滿足：$\dfrac{58}{49}$，$\dfrac{13}{9}$ 與 $\dfrac{5}{4}$ 皆小於 $\dfrac{1 + \sqrt{5}}{2}$，而立於不敗之地。

例 4：

考慮狀相 $\{3, 11\}$，此時 $\dfrac{11}{3} > \dfrac{1 + \sqrt{5}}{2}$。在歐氏路徑
$$\{3, 11\} \to \{3, 2\} \to \{1, 2\} \to \{1, 0\}$$

其中，只有 $\{3, 11\}$ 是活絡狀相。此時先手者若採用准扣盡走法

$$\{3, 11\} \rightarrow \{3, 5\} \rightarrow \{3, 2\} \rightarrow \{1, 2\} \rightarrow \{1, 0\}$$

反而授人以柄，變成失敗的局面。讓後手者得到狀相 $\{3, 5\}$，滿足

$\dfrac{5}{3} > \dfrac{1+\sqrt{5}}{2}$，導致後手勝利。因此面對狀相 $\{3, 11\}$，先手者應採扣盡

走法，而得到先手必勝的結局。

　　經過上述例子的試驗，結果是屢試不爽。因此定理 6 似乎可以推

廣到任意兩自然數的情形。

　　由任意狀相 $\{m, n\}\ (m < n)$ 出發，我們猜測到神奇的黃金分割比

值 $\dfrac{1+\sqrt{5}}{2}$ 也許就是歐氏對局勝敗的關鍵：$\dfrac{n}{m} > \dfrac{1+\sqrt{5}}{2}$ 是先手必勝的

代數條件 （$\dfrac{n}{m} < \dfrac{1+\sqrt{5}}{2}$ 則是先手必敗）。

　　為了證明這個猜測，我們必須研究一下 $\{m, n\}$ 的下一步的變化

情形：

1. 當 $\{m, n\}$ 為死板狀相時，則下一步必是 $\{m, n - m\}$；

2. 當 $\{m, n\}$ 為活絡狀相且 n 不為 m 的倍數時，令 ℓ 為 $\dfrac{n}{m}$ 的整數部

　　分 $(\ell > 1)$，則下一步只需走成 $\{m, n - (\ell - 1)m\}$（即採准扣盡走法）

　　或 $\{m, n - \ell m\}$（即採扣盡走法），因為歐氏對局的勝負只是一步之

　　差而已，這一步可透過採用扣盡或准扣盡走法來調整。

　　我們必須掌握住：在 $\dfrac{n}{m} > \dfrac{1+\sqrt{5}}{2}$ 的條件下，下一步狀相的兩數相

比之條件。

補題:

設 m 與 n 為兩個自然數。

(i) 若 m 與 n 滿足 $\dfrac{n}{2} < m < n$，即 $\{m, n\}$ 為死板狀相，則

$$\frac{n}{m} > \frac{1+\sqrt{5}}{2} \Leftrightarrow \frac{m}{n-m} < \frac{1+\sqrt{5}}{2} \tag{25}$$

(ii) 設 m 與 n 滿足 $0 < m < \dfrac{n}{2}$，即 $\{m, n\}$ 為活絡狀相。令 ℓ 為 $\dfrac{n}{m}$ 之整數部分。若 $\dfrac{n}{m} > \dfrac{1+\sqrt{5}}{2}$ 且 n 不為 m 的倍數，則

$$\frac{n-(\ell-1)m}{m} < \frac{1+\sqrt{5}}{2} \tag{26}$$

或

$$\frac{m}{n-\ell m} < \frac{1+\sqrt{5}}{2} \tag{27}$$

證明:

(i)

$$\frac{n}{m} > \frac{1+\sqrt{5}}{2} \Leftrightarrow \frac{n}{m} > 1 + \frac{\sqrt{5}-1}{2}$$

$$\Leftrightarrow \frac{n-m}{m} > \frac{\sqrt{5}-1}{2}$$

$$\Leftrightarrow \frac{m}{n-m} < \frac{1+\sqrt{5}}{2}$$

(ii) 我們只有

$$\frac{m}{n-\ell m} < \frac{1+\sqrt{5}}{2}$$

或

$$\frac{m}{n-\ell m} > \frac{1+\sqrt{5}}{2}$$

兩種情形。若後者成立，則

$$m > \frac{1+\sqrt{5}}{2} \cdot (n - \ell m) \Leftrightarrow \frac{\sqrt{5}-1}{2}m > n - \ell m$$

$$\Leftrightarrow \frac{\sqrt{5}-1}{2}m + m > n - \ell m + m$$

$$\Leftrightarrow \frac{1+\sqrt{5}}{2}m > n - (\ell - 1)m$$

$$\Leftrightarrow \frac{n - (\ell - 1)m}{m} < \frac{1+\sqrt{5}}{2}$$

證明完畢。

定理 7:

　　設 m 與 n 為兩自然數，$m < n$，則

　　(i) 當 $\dfrac{n}{m} > \dfrac{1+\sqrt{5}}{2}$ 時，$\{m, n\}$ 為先手必勝之狀相；

　　(ii) 當 $\dfrac{n}{m} < \dfrac{1+\sqrt{5}}{2}$ 時，$\{m, n\}$ 為先手必敗之狀相。

證明：我們對 n 來作數學歸納法之證明。當 $n = 2$ 時，m 只能是 1，此

時 $\dfrac{n}{m} = 2 > \dfrac{1+\sqrt{5}}{2}$，並且 $\{1, 2\}$ 為先手必勝之狀相，第 (i) 項與

第 (ii) 項成立。

當 $n = 3$ 時，m 可為 1 或 2，此時 $\dfrac{3}{1} = 3 > \dfrac{1+\sqrt{5}}{2}$，並且 $\{1, 3\}$

為先手必勝之狀相。另外 $\dfrac{3}{2} < \dfrac{1+\sqrt{5}}{2}$ 並且 $\{2, 3\}$ 為先手必敗

之狀相，所以第 (i) 項與第 (ii) 項成立。

令 N 為任意大於 3 的自然數。假設對於所有 $n < N$，滿足 $\dfrac{n}{m} > \dfrac{1+\sqrt{5}}{2}$ 與 $m < n$ 的所有 $\{m, n\}$ 皆為先手必勝之狀相，而滿足 $\dfrac{n}{m} < \dfrac{1+\sqrt{5}}{2}$ 與 $m < n$ 的所有 $\{m, n\}$ 皆為先手必敗之狀相（**歸納假設**）。今考慮狀相 $\{M, N\}$ $(M < N)$，滿足

$$\frac{N}{M} > \frac{1+\sqrt{5}}{2} \tag{28}$$

如果 N 可被 M 整除，則顯然 $\{M, N\}$ 為先手必勝之狀相。如果 N 不可被 M 整除，則 $\{M, N\}$ 只有下面兩種情形：

1. 當 $\dfrac{N}{2} < M < N$ 時，$\{M, N\}$ 為死板狀相。此時先手者只能從 $\{M, N\}$ 走成 $\{M, N - M\}$。根據上述補題，由(25)式可得

$$\frac{M}{N-M} < \frac{1+\sqrt{5}}{2}$$

   再由歸納假設知，後手面對狀相 $\{M, N - M\}$ 必敗無疑。換言之，$\{M, N\}$ 是先手必勝之狀相。

2. 當 $0 < M < \dfrac{N}{2}$ 時，$\{M, N\}$ 為活絡狀相。令 ℓ 為 $\dfrac{N}{M}$ 之整數部分。根據上述補題，由(28)式可得

$$\frac{N-(\ell-1)M}{M} < \frac{1+\sqrt{5}}{2}$$

   或

$$\frac{M}{N-\ell M} < \frac{1+\sqrt{5}}{2}$$

由歸納假設知，後手面對狀相 $\{M, \ N-(\ell-1)M\}$ 或 $\{M, N - \ell M\}$ 時必敗無疑，亦即 $\{M, N\}$ 是先手必勝之狀相。

因此，由數學歸納法定理 7 證畢。

推論 1：

設 m 與 n 為兩自然數且 $m < n$，則 $\{m, n\}$ 為先手必勝狀相之充要

條件是 $\dfrac{n}{m} > \dfrac{1 + \sqrt{5}}{2}$。

推論 2：

設 m 與 n 為任意兩自然數，則 $\{m, n\}$ 為先手必勝之充要條件是

(i)m 為 n 的整數倍或 n 為 m 的整數倍或 (ii)$\dfrac{n}{m} > \dfrac{1 + \sqrt{5}}{2}$ 或

(iii)$\dfrac{n}{m} < \dfrac{\sqrt{5} - 1}{2}$。並且在 (ii) 或 (iii) 的先手必勝條件下，先手者要

採用扣盡走法或准扣盡走法作出狀相 $\{m', n'\}$ 給對方，使得

$$\frac{\sqrt{5} - 1}{2} < \frac{n'}{m'} < \frac{1 + \sqrt{5}}{2}$$

如此這般，先手者可立於不敗之地。

　　圖 15-5 就是推論 2 的圖解。
在坐標平面上，作三條直線 $y = x$，
$y = \dfrac{1 + \sqrt{5}}{2}x$ 及 $y = \dfrac{\sqrt{5} - 1}{2}x$，將第
一象限分割成 (I)、(II)、(III) 及
(IV) 四塊領域，落在 (I)、(II) 及
$y = x$ 上的格子點就是先手必勝的
狀相，落在 (III) 及 (IV) 中的格子
點就是先手必敗的狀相。

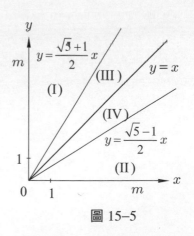

圖 15-5

　　至此，歐氏對局完全破解，而且破解的關鍵涉及黃金數 $\dfrac{\sqrt{5} - 1}{2}$ 及

黃金分割比值 $\dfrac{1 + \sqrt{5}}{2}$，這兩個互逆的神奇數。

Tea Time

1. There can be no living science unless there is a widespread instinctive conviction in the existence of an Order of Things, and, in particular, of an Order of Nature.

2. The essential course of reasoning is to generalize what is particular, and then to particularize what is general. Without generality there is no reasoning, without concreteness there is no importance.

——A. N. Whitehead——

$$\prod_{\pi} \text{pi}$$

16

零多項式的次數

數學中的定義與規約，有「排斥性」與「兼容性」兩種觀點，其中要以後者較方便。目前中小學的數學教科書一直都採用「排斥性觀點」，但數學界流行的是「兼容性觀點」，這是造成學生或教師困擾的根源。

翻開高中的數學課本(第一冊)，我們可以看到多項式次數的定義：

考慮單元多項式 $(n \geq 0)$

$$f(x) = a_n x^n + a_{n-1} x^{n-1} + \cdots + a_1 x + a_0$$

當 $a_n \neq 0$ 時，n 叫做 $f(x)$ 的次數，以 $\deg f(x) = n$ 表示。於是 $f(x) = a_0 \neq 0$ 為 0 次多項式。但是，當 $a_0 = 0$ 時，$f(x) = a_0$ 也是一個多項式，叫做零多項式，目前我們不討論它的次數。零次多項式與零多項式統稱為常數多項式。

為什麼不討論呢？後來在整個高中數學課程都未見過論述。事實上，不討論是因為怕麻煩或受限於課程標準，而絕不是不能討論。我們要強調，只有經過徹底討論後，得到真正的理解，才是正確的道路。

本節我們要來談，如何規定零多項式的次數問題。

首先，我們定義什麼是多項式。設 $n = 0, 1, 2, 3 \cdots$，形如 ax^n 的式子叫做 n 次**單項式**，其中 a 叫做**係數**。如果 $a \neq 0$，這是**真的** n 次單項式，否則是假的。幾個單項式的和叫做**多項式**。

顧名思義，多項式應該是許多真的單項式之和。但是，數學的習慣並不是這樣，單一個真的單項式，如 $5x^3$ 也叫做一個多項式。0 本來是一個假的單項式，也算是一個多項式，叫做**零多項式**。讀者覺得奇怪嗎？道理很簡單：在日常生活中，「單數」與「多數」是互相排斥的，但是在數學中，卻經常把「單數」看做是「多數」的特例而容納進來，數學家發現這樣子的用詞比較方便。

舉個例子。我們說兩個多項式的和或差也是多項式，通常狹義的「多」項式如 $2x^2 + x - 7, 4x + 1$ 之和或差也是「多」項式，可是 $2x^2 + x - 7$ 與 $-2x^2 + 7$ 之和卻成了「單」項式。如果我們太咬文嚼字來辨別「單」與「多」，我們只好說成「多」項式與「多」項式的和或

差可能是「多」項式，可能是「單」項式，也可能是零，即「無」項式。這樣嚴格是嚴格了，可是非常煩瑣，每個定理的敘述都變得很冗長。

　　類似的例子還很多，它們都可以提示我們：在數學中，許多術語必須從寬解釋！不要常用**排斥性** (exclusive) 的意思，而應該用**兼容** (inclusive) 的意思來解釋才會方便。讓我們想一想函數的定義。通常，如果變量 y 隨著變量 x 而改變，我們就說 y 是 x 的函數。那麼常函數 $f(x)$ 恆等於 3 是不是一函數呢？當然是！「不變」也是「變」的一種，雖然是很特殊的一種。總之，兼容的觀點比較普遍，而且好處更多。

　　我們再舉一個有趣的例子。俄國著名的物理學家卡比查 (P. Kapitza)曾對蘭道 (L. Landau) 與英費爾德 (L. Infeld) 提出如下的問題：

　　有一隻小狗的尾巴綁著一個炒菜盤，當狗向前跑時，盤子就碰撞地面而發出聲音。請問狗要如何跑，盤子才不會出聲？

　　兩位著名的物理學家都解不出來，最後卡比查才好心地說出答案：讓狗的速度等於 0，靜止不動！

　　大家都知道物體的運動，「靜止」是「運動」特例。不過，對這個特例人們常會視而不見，包括物理學家亦不例外。

例 1：

　　在西元 1994 年大學聯考的自然組試題，計算題第四題中出現了這樣的句子「曲線 $\sqrt{2}(x^2 - y^2) = 2xy$」，有許多中學老師認為這有瑕疵，理由是：它根本不是曲線，而是兩條直線 $\sqrt{3}x + y = 0$ 與 $x - \sqrt{3}y = 0$，並且「直線」不是「曲線」，「曲線」也不是「直線」。這是典型的「排斥性觀點」。事實上，我們應採用「兼容性觀點」：「直線」是「曲線」的特例，兩直線是二次曲線的退化情形。這一點兒都不應構成困擾，「山不轉路轉，路不轉人轉」，在理氣上完全說得通。

單項式 ax^n 的次數為 n。不過若 $a = 0$，這該叫做「假次數」；當 $a \neq 0$ 時，真次數為 n。任何一個多項式，整理清楚，把同次的各項合併之後，可以將各真單項式按降次或昇次的順序來排列，分別叫做「**降冪式**」或「**昇冪式**」。於是，最先一項，叫做**首項**，就是最高次項（按降次排列時）或者最低次項（按昇次排列時）。

例 2：

多項式 $x^3 + x + x^5 + x^2 + 2$ 與 $x^5 + x^3 + x^2 + x + 2$ 其實一樣，後者是降冪式，其首項即最高次項式是 x^5，最低次項是 2。這是一個一元五項式。零多項式真正的「項數」是 0，因為真正的項數是指整理好了之後真正單項式的個數。

定義：

設 $f(x)$ 為一個非零多項式，那麼各項的次數最高者叫做它的次數 (degree)，記為 $\deg f$。

可是這裡有個問題，例如 $3x^2 + 4x + 39 - 3x^2$，次數最高項是 $3x^2$ 與 $-3x^2$，它們的次數都是 2，但是在整個多項式的次數並不是 2，因為整理清楚後成了 $4x + 39$，次數是 1。當然應該以後者為準。所以，在上述定義中，我們是以整理好的多項式為準，也就是以降冪式的首項次數為這多項式的真正次數。只有零多項式的真正次數我們還沒有定義。

零多項式是數學中的一個特異怪客，它至少有三層意思，在運算上它代表 0，具有 0 的一切特性與麻煩，例如 0 不能當除數，$\frac{0}{0}$ 是「不定形」。其次它可以看成是一個方程式，所有的實數都是它的解答。最後，它代表一個取值恆為 0 的常函數。

例 3:

考慮方程式 $ax + b = 0$，相應的多項式為 $f(x) = ax + b$。當 $a \neq 0$ 時，方程式有唯一的解答 $x = -\dfrac{b}{a}$。當 $a = 0$ 時，又分成兩種情形：若 $b \neq 0$，則方程式無解；若 $b = 0$，則有無窮多個解答。後者所對應的就是零多項式。

為了揭開「零多項式的次數」之謎，我們從多項式的運算切入。首先我們要考查次數與運算的關係，最簡單的是加法及減法，後者其實是前者的逆算，故只要講加法即可。

例 4:

1. 設 $f(x) = 2x^2 + x - 7$, $g(x) = 4x + 6$, 則 $f(x) + g(x) = 2x^2 + 5x - 1$, 且 $\deg f = 2$, $\deg g = 1$, $\deg(f + g) = 2$。
2. 設 $f(x) = 8x^6 + 7x^4 + 3x^2 - 9$, 且 $g(x) = -8x^6 + x^5$, 則 $f(x) + g(x) = x^5 + 7x^4 + 3x^2 - 9$, 且 $\deg f = 6$, $\deg g = 6$, $\deg(f + g) = 5$。

結論是：若 $\deg f \neq \deg g$，則 $\deg(f \pm g)$ 是 $\deg f$ 與 $\deg g$ 中之較大者。若 $\deg f = \deg g$，則 $\deg(f \pm g)$ 不會大於 $\deg f = \deg g$。

小心一點！其實上面的立論是有破綻的：如果 $f = -g$，則 $f + g$ 是零多項式，而我們一直沒有定義 $\deg 0$，所以上述的結論還不完全成立，除非我們硬性規定

$$\deg 0 \leq 0, 1, 2, 3, \cdots \tag{1}$$

例如說我們規定 $\deg 0 = -1$ 就可使上述結論完全成立。當然用任何負數代替 -1 也可以。

其次考慮乘法：

例 5：

設 $f(x) = 2x^2 + x - 7$, $g(x) = 3x^3 - 2x + 4$，則 $f(x) \cdot g(x) = 6x^5 - x^4$
$- 23x^3 + 22x^2 + 4x - 28$，且 $\deg f = 2$, $\deg g = 3$, $\deg(f \cdot g) = 5 =$
$\deg f + \deg g$，

結論是：$\deg(f \cdot g) = \deg f + \deg g$ (2)

其實這裡仍然有陷阱! 如果 $f \equiv 0$ 呢? 那麼上面的公式就不對了，因為由(2)式知 $\deg 0 = \deg 0 + \deg g$，於是，$\deg g = 0$，這當然不對，因為只要取 $g(x) = x^2$，則 $\deg g = 2$，不會是 0。因此，規定 $\deg 0$ 是一個負數，還是不行，仍然會有麻煩。

如果將 $\deg 0$ 看成一個記號，寫成ㄅ，那麼我們希望：

$$ㄅ = ㄅ + n \tag{3}$$

其中 $n = \deg g$ 為任意非負整數，有沒有這種東西呢?

我們回憶起來了：如果ㄅ是 $-\infty$ 或 $+\infty$，(3)式就成立了，因為只有「無窮」才具有「加之不增，減之無傷」的特性。

現在再配合前面的條件：$\deg 0 \le 0$，我們就應該規定

$$\deg 0 = -\infty, \text{唸做負無窮大} \tag{4}$$

這是一個很方便的規約。

在沒有這個規約之前，對於兩個多項式的除法，我們有如下的結果：設 $f(x)$ 與 $g(x)$ 為兩多項式，則存在有兩個多項式 $q(x)$ 與 $r(x)$，使得

$$f(x) = g(x) \cdot q(x) + r(x) \tag{5}$$

其中

$$r(x) = 0 \text{ 或 } 0 \le \deg r(x) < \deg g(x) \tag{6}$$

有了(4)式的規約，(6)式就可以簡寫成

$$\deg r(x) < \deg g(x) \tag{7}$$

然而，⑷式之規約仍然存在有缺憾。一般而言，如果兩個多項式 f 與 g 的乘積為 h 時，我們就說 h 是 f 的「倍式」，f 是 h 的「因式」。這時候通常有 $\deg h \geq \deg f$，因為 $\deg h = \deg f + \deg g$，並且 $\deg g \geq 0$，只有當 g 是零多項式時是例外。

因為 $0 = f \cdot 0$，故零多項式是任何多項式的倍式，或任何多項式是零的因式，因此零多項式很豐富，無所不包，於是 $\deg 0 \geq \deg f$，然而我們應該規定：$\deg 0$ 比一切真的多項式的次數還要大，換句話說，我們又該規定：$\deg 0 = +\infty$，唸做正無窮大。

總結上述：「零多項式的次數」必須看成無窮大，通常看成「負無窮大」，只有在「倍式的次數不小於因式的次數」時，$\deg 0$ 才能解釋為「正無窮大」。「零」多麼詭譎，一方面代表空無，另一方面又代表不是空無，並且似乎是無所不包，簡直像是活生生的精靈。

練習題

回答下列問題，並且說明理由。

(i) 設 $a \neq 0$，那麼 $a^0 = ?$

(ii) 0 的階乘 $0! = ?$ 組合係數 $C_0^n = ?$

(iii) 為什麼複數不能比較大小？

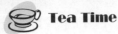 **Tea Time**

[詩的欣賞]

葉子們

葉子們
知道　自己的清貧
也明白　自己的位置搖晃不安定
有時候確實也虛偽地裝扮自己

葉子，葉子們
終究　要把自己還給塵土
堅忍地等到最後的一刻
那燃著夕陽紅燄逝去的一剎那

葉子們
相信　聖經上的每一句話
都是創造的葉子
不是人造的葉子

——杜潘芳格——

一帶山徑
　梅香陣陣
　　驀然日昇

——芭蕉——

17

1是不是質數？

一個概念是經過不斷的錘煉才形成的。如果沒有這個過程，而直接背記定義，那麼求知要得到了解與樂趣是很困難的。

打開國中的數學教科書（第一冊），我們可以看到**質數**的定義：

> 一個大於 1 的整數，如果除了 1 和它自己之外，再也沒有其它
> 的因數，這個整數就叫做質數。

因此，**質數**（又叫做**素數**）就是 2, 3, 5, 7, 11, …，其中的 2 是唯一的偶質數。

高中的數學教科書，也是採用同樣的定義。兩者都有「排除掉 1 的條款」，即規定 1 不是質數。

但是，對於：

> 為什麼要有「排 1 條款」？

或者更基本的問題：

> 為什麼會出現這個定義？

國中與高中的教科書都隻字未提，這是美中不足之處。

在數學中，一個概念的形成，往往是經過**分析、比較、試誤、選擇、抽取適當的特徵性質**，最後才**結晶**出來的。如果沒有這個探索過程就給出定義，則易淪為「填鴨式的背記」，採擷花朵而得不到花的美麗。

初步的定義

自然數 1, 2, 3, 4, 5, … 是每個人最早遇到的數，我們先學習四則運算，然後再進到數的**性質**與**結構**之探究。

德國數學家克羅內克（Kronecker，西元 1823～1891 年）說：**自然數是神造的，其它都是人為的**。

筆者有位朋友，他的女兒 8 歲，就讀於小學三年級。在一個偶然

的機會下，她發現有些數不能被任何其它的自然數（1 除外）整除，例如 7, 11, 23, 97, 239。在還未學過質數概念的情況下，她給這類數命名為「**不公平數**」。問她為什麼要這樣取名? 她回答說:「因為這些數無法在幾個人之間公平分享。」

這件事情雖然微不足道，但是對這位小學生而言卻經歷了有如科學家的發現新知或洞察隱藏奧祕之欣喜。如何將這種求知的敏銳靈氣繼續開展化育，乃是教育的重責大任。教育最高的境界就是布置一個求知的環境，不著痕跡地讓學生好像是自己發現到真理。在歷史上，蘇格拉底的教學法似乎是比較接近這種理想的啟發式教學法。

話說回來，這位小學生發現到的就是質數的概念。我們幫她結晶成下面的定義:

定義 1:

一個自然數 n，如果除了 1 與自身 n 之外，不能被其它的自然數整除，那麼 n 就叫做質數（或不公平數）。

因此，1, 2, 3, 5, 7, 11, … 都是質數，此時沒有排 1 條款。

算術基本定理

如果將「**自然數的集合**」與「**大自然**」互相對照，那麼「**質數**」（**不可分解**）就相當於「**原子**」（本義是**不可分割**）。古希臘哲學家思索大自然的結構與生成變化而提出**原子論** (atomism)。同樣地，他們研究自然數本身的結構、性質與關係而發展出**算術** (arithmetic)。另一方面，日常生活中實用的計算術，他們稱之為邏輯斯提克 (logistic，意指後勤補給)。因此，古希臘的算術就是今日的**數論** (number theory)。

　　詳言之，古希臘哲學家面對大自然的森羅萬象，眼見存有的神奇奧祕與變化萬千 (enigmas of being and becoming)，終於領悟到**素樸原子論的分析觀**: 萬有都是原子組成的，原子永恆不變，它們在虛空 (Void) 中永不止息地運動著，作各種不同的排列與組合就產生萬物。大自然的現象都按照一定的**機制** (mechanism) 來發生。只有原子與虛空是**最終的真實** (the ultimate reality)，其它的都是一時一地的**意見** (opinions) 而已。

　　把這種素樸原子論的分析觀，類推到自然數的領域，古希臘數學家發現了相應的**自然數的結構定理**:

定理 1: （初步的算術基本定理）

　　　任何自然數都可以表成質數的乘積。

　　這可比美於「**萬有都是原子組成的**」之偉大靈悟。然而，美中不足的是，質因數的分解法不唯一，甚至有無窮多種表法，例如

$$5 = 1 \times 5 = 1 \times 1 \times 5 = \cdots$$

$$12 = 2 \times 2 \times 3 = 1 \times 2 \times 2 \times 3 = 1 \times 1 \times 2 \times 2 \times 3 = \cdots$$

這是因為把 1 當作質數（原子）才會這樣。

進一步的定義

　　顯然，我們不喜歡這種沒有唯一性的表法，改正之道是把 1 排除掉，不看作是質數。於是我們將定義 1 修正成:

定義 2:

　　　設 n 為一個大於 1 的自然數，如果除了 1 與自身 n 之外，沒有其它的因數，那麼 n 就叫做質數。

一個大於 1 的自然數，若不是質數，就叫做**合數** (composite number)。
因此，自然數分成三類：1，質數與合數。1 這一類只有一個元素，其
餘兩類都各含有無窮多個元素。

　　在這個新定義下，自然數的結構定理，就可以敘述成如下美妙的
結果：

定理 2：（算術基本定理）

　　1. 存在性：任何大於 1 的自然數都可以分解成質數的乘積。

　　2. 唯一性：任何大於 1 的自然數 n，若有兩種質因數的分解

$$n = p_1^{\alpha_1} p_2^{\alpha_2} \cdots p_\ell^{\alpha_\ell}$$

$$n = q_1^{\beta_1} q_2^{\beta_2} \cdots q_m^{\beta_m}$$

　　其中要求 $p_1 \le p_2 \le \cdots \le p_\ell$ 且 $q_1 \le q_2 \le \cdots \le q_m$ 那麼就有 $\ell = m$，
並且

$$\alpha_k = \beta_k, \ p_k = q_k, \ \forall k = 1, 2, \cdots, \ell$$

我們注意到，由於不把 1 當作質數，故在定理 2 的敘述中，要加上「任
何大於 1 的自然數」這個條件，稍微麻煩，但是卻得到「唯一性」的
妙果。我們可以忍受一點麻煩，以換取更好的結果。

　　對於「唯一性」，一般人常犯的一個錯誤是，寫出 n 的兩個質因數
分解式，未經過排序就急著說對應項的質數相等。

　　每年上大一的微積分課，筆者都會問學生：什麼是算術基本定理？
結果幾乎都沒有人會，即使會一點，也往往漏掉唯一性，這實在令人
遺憾。

　　算術基本定理使我們對自然數的結構有個清晰的了解，利用它，
我們可以證明 $\sqrt{2}$ 為無理數，這是很自然的事。

定理 3:

$\sqrt{2}$ 為無理數。

證明: 假設 $\sqrt{2}$ 為有理數, 於是可令 $\sqrt{2} = \dfrac{n}{m}$, 其中 m 與 n 為兩個自然數。將上式平方得

$$2m^2 = n^2$$

由算術基本定理知, m 與 n 可作唯一形式的質因數分解

$$m = p_1^{\alpha_1} p_2^{\alpha_2} \cdots p_k^{\alpha_k}, \, p_1 \le p_2 \le \cdots \le p_k$$

$$n = p_1^{\beta_1} q_2^{\beta_2} \cdots q_\ell^{\beta_\ell}, \, q_1 \le q_2 \le \cdots \le q_\ell$$

代入上式得到

$$2p_1^{2\alpha_1} p_2^{2\alpha_2} \cdots p_k^{2\alpha_k} = q_1^{2\beta_1} q_2^{2\beta_2} \cdots q_\ell^{2\beta_\ell}$$

從而, 左邊 2 的因數有奇數個, 右邊 2 的因數有偶數個, 這是一個矛盾。由歸謬法知, $\sqrt{2}$ 為無理數。

更多的理由

我們不把 1 當作質數, 除了上述已說過的一個理由, 另外還有兩個, 一共是三個理由:

(i) 為了讓自然數的質因數分解具有唯一性。

(ii) 1 跟其它質數 2, 3, 5, 7, ⋯ 還是有所不同。1 的因數只有一個 1, 其它的質數 p 都有 1 與自己一共有兩個因數, 故 1 的因數和為 1 自己, 其它質數的因數和為 $1 + p$, 比 p 大 1。

(iii) 古希臘人不把 1 看作一個數, 而把它看作一個「單子」(monad), 一個不可分割的單位, 是生成所有數的「母數」(1 生 2 = 1 + 1, 2 生 3 = 2 + 1)。

註: 根據《老子》的說法是: 道生 1, 1 生 2, 2 生 3, 3 生萬物。

兩個定義的優劣比較

我們將上述的討論再作整理，以方便比較。

如果將 1 看作是質數，那麼就有：

(i) 自然數分成兩類，即質數類與合數類。

(ii) 任何自然數皆可分解成質因數之乘積，但分解法不唯一。

如果不把 1 看作是質數，那麼就有：

(i) 自然數分成三類：1，質數類與合數類。

(ii) 任何大於 1 之自然數，其質因數分解，存在且唯一。

另外，在數論中有一個著名的哥巴赫猜測。哥巴赫（Goldbach，西元 1690～1764 年）觀察到

$$2 = 1 + 1$$
$$4 = 1 + 3 = 2 + 2$$
$$6 = 1 + 5 = 3 + 3$$
$$8 = 3 + 5$$
$$10 = 3 + 7 = 5 + 5$$
$$12 = 5 + 7$$
$$14 = 3 + 11 = 7 + 7$$
$$16 = 3 + 13 = 5 + 11 \quad 等等$$

於是他在西元 1742 年寫信給歐拉（Euler，西元 1707～1783 年），大膽地猜測：

任何偶數都可以表成兩個奇質數之和。

這就是鼎鼎有名的「哥巴赫猜測」，至今還未能證明。

哥巴赫將 1 也看成質數，才有上述簡潔的猜測。如果不將 1 看作是質數，那麼就應該修飾為：

> 任何大於 4 的偶數都可以表成兩個奇質數之和。

如果再把「奇」字棄掉，那麼哥巴赫猜測就是：

> 任何大於 2 的偶數都可以表成兩個（不必相異的）質數之和。

要不要把 1 看成是質數，正、反兩方的理由都有，兩方面的優劣點都明白了，達到「知所異同，方窺全貌」，然後再作選擇，並且對自己的選擇負責，這樣才是一個知性成熟的人，才不至於被「偏見」牽著鼻子走。

數學家選擇了「1 不是質數」，因為算術基本定理中的唯一性最重要，不容破壞，其它的都是次要的。因此，我們就選擇定義 2，當作質數的最終定義。

規　約

但是，事情並未一勞永逸。我們引述波利亞 (G. Pólya) 的一段話：

> 邏輯家嘲笑數學家說：「看那位數學家，他觀察 1 到 99 的數都小於 100，於是就應用他所謂的歸納法，得到所有自然數都小於 100 的結論。」數學家說：「看那位物理學家，他竟相信 60 可被所有的自然數整除，理由是：他觀察過 60 可被 1, 2, 3, 4, 5, 6 整除，並且也可被他『任取』的 10, 20, 30 整除，故他相信實驗的證據可以充分支持他的論點。」然後物理學家開腔說：「是的，但是你們看那位工程師，他認為所有的奇數都是質數，理由是：1 可視為質數，而 3, 5, 7 也都是質數，可恨的是 9 不是質數，但這是實驗誤差所致，你們看 11 與 13 又是質數了。」

在物理學家的講話中，把 1 看作是質數，反而方便，不會引起困擾，這是一種權宜。換言之，1 多少具有雙重的身分，好像是電子，有時是「粒子」，有時又是「波」。我們不應那麼死板。從某種意味來說，**人是意義的賦予者與創造者**。

即使我們已經規定「1 不是質數」，數學家有時為了敘述上的方便，採取較寬鬆的態度，又將 1 看作是質數。這一點兒都不應構成困擾，請不要咬文嚼字。

我們要強調，「1 不是質數」是一種方便的**規約** (convention)，這表示若規定「1 是質數」也可以，只是**會產生我們不喜歡的一些後果**。規約並不是天經地義的! 我們的取捨原則是，兩害相權取其輕，兩利相權取其重（**極值原理**）。

又如，我們可以規定「0 是自然數」，也可以規定「0 不是自然數」，各有利弊。比較常見的是選取後者。

結　語

原子論的分析觀，不只是在研究大自然與自然數時有用，其實在任何其它領域都能讓人「眼睛一亮」。

我們列出下面的對照表：

大自然	自然數
原子	質數
單子	1
化合物	合成數
原子 109 種	質數有無窮多個
化學鍵	乘法
凡物質皆由原子組成	算術基本定理

　　數學中的定義與規約必須方便、合理，理論必須沒有矛盾，這是普通常識。除此之外，數學應該沒有限制，這就是集合論的創始者康托（G. Cantor，西元 1845～1918 年）所說的：

> 　　數學的本質在於它的自由。
>
> 　　(The essence of mathematics lies in its freedom.)

這句話是康托創立集合論（研究「無窮本身」）時，受到他的老師克羅內克（Kronecker，西元 1823～1891 年）之反對，所提出的辯護。數學的自由是在邏輯之下的自由，就像現代的文明人必須在法律與尊重他人之下才有自由可言。康托還有常被引用的精彩名言：

> 　　在數學中，提出問題的藝術比解決問題的藝術還重要。
>
> 　　(In mathematics, the art of problem posing is more important than problem solving.)

　　數學是人類求知活動的一部分，是人創造的，包含有許多層面。它是一種**科學**、一種**藝術**、一種**哲學**，也是一部精純的**方法論**、一種**語言**，更是**邏輯推理系統**，以及研究**數與形**的學問。

　　數學與藝術的創造想像力雖然沒有兩樣，但是數學最終要受「邏輯」的制約（藝術受「美」的制約），這是嚴酷的考驗。比較起來，物理學更嚴苛，它的理論一方面要受「邏輯」的制約，另一方面還要受「自然」的檢驗。

　　一個數學概念，從含糊的直觀經驗開始，經過演化與成長，最後才澄清而「定影」下來，這是所謂的「**觀念探險之旅**」(the adventure of ideas)，數學家對這個過程樂此不疲。學習數學應該重新經歷這個觀念的錘煉過程，從中得到發現的喜悅 (the joy of discovery)。

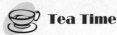 **Tea Time**

一個美妙的定義

所謂一個無窮集合是指它存在有真子集合，其元素個數跟原集合一樣多。

——G. Cantor——

數學家與詩人

No mathematician can be a complete mathematician unless he is also something of a poet.

——K. Weierstrass——

Algebra is a poetry.（代數如詩）

Theories are nets: only (s)he who casts will catch.

——Novalis——

在未知大海的岸邊

在未知大海的岸邊，我們發現了奇異的足跡。於是我們建構了一個接著一個的深奧理論，來解釋它的起源。最後，我們成功地重建出留下足跡的動物，結果，你瞧，那正是我們自己！

——A. Eddington——

18

圓的分割

數學是先有探索階段的發現或提出猜測，然後才有鞏固階段的邏輯證明，兩者缺一不可。歷來的數學教學，偏重後者，而輕忽前者，造成數學的「面目可憎」，現在是應該調整的時候了。

　　一般而言，數學的求知活動，遵循下列的流程圖：

$$問題\rightarrow發現\rightarrow證明\rightarrow溶匯入數學理論之大海$$

我們不妨稱之為數學的「求真理之路」(the way of truth)。

　　詳細一點來說，由一個有趣的問題為起點，作思考與知識的總動員，先發現到規律（解決問題之道或猜測），然後再提出「證明」。只有發現，求知活動並未完成，因為數學家堅持要有「證明」，證明是數學的商標，沒有證明就沒有數學。發現與證明兼具，才算完全。通得過證明的「猜測」(conjecture)，才變成公式或定理；被否證的猜測，就要拋棄；暫時無法證明，也無法否證的猜測，就讓它保留為「猜測」的地位，例如數論中的 Goldbach 猜測。

　　一個問題解決之後，我們往往會對周邊相關的問題也產生興趣，這自然導致「**類推**」(analogy) 與「**推廣**」(generalization) 的工作。最後，將這一切結果溶匯入既有的數學理論之大海中，作全面的觀照，並且組織成有機知識整體，得到「無上妙趣的了悟之樂」，這是求知最大的報酬。

　　具體問題的解決，豐富且增益了一般理論的內涵；反過來，一般理論猶如一個更高的觀點，俯視且統合著各式各樣的具體問題，讓我們一目了然。理論與實際的巧妙平衡，求知才是一種快樂，而不是一種負擔。

一個組合學的點算問題

　　在數學中，例子比規則有用。我們就用一個例子來闡釋上述的流程圖。

❷問題 1：

考慮一個圓，在圓周上有 n 個相異的點，任何兩點都用線段連結起來。假設沒有三線共點的情形，問這些線段將圓分割成幾個領域？

❷如何發現公式或找尋規律？

這當然有很多方法，從特例觀察作歸納、試誤法、類推法，到想像力的飛躍，甚至「任何方法都行」(anything goes)。此時容許犯錯，因而可以「從錯誤中學習」。反正最後還有邏輯證明來把關，排除掉錯誤。

初步歸納但失敗

令 A_n 表示領域的個數，首先我們觀察圖 18-1 的特例。觀察了這五個特例，我們猜測或歸納出一般公式：

$$A_n = 2^{n-1}, n \in \mathbb{N} \tag{1}$$

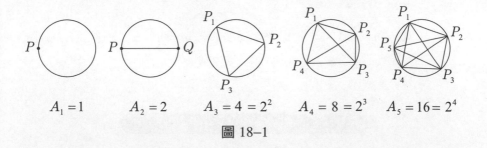

圖 18-1

上式成立嗎？讓我們檢驗 $n = 6$
（圖 18–2）的情形，結果發現：

$$A_6 = 31 \neq 2^5$$

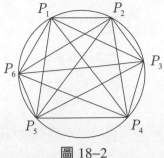

因此，(1)式不成立！

在上述中，我們由填空題

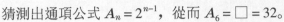

　　　　　　1, 2, 4, 8, 16, □

圖 18–2

猜測出通項公式 $A_n = 2^{n-1}$，從而 $A_6 = □ = 32$。

事實上，若欲第六項為 π，我們仍然可以求得一個通項公式，使得前
五項為 1, 2, 4, 8, 16，例如：

$$A_n = 2^{n-1} + (n-1)(n-2)(n-3)(n-4)(n-5) \cdot \frac{(\pi - 32)}{120} \qquad (2)$$

甚至，我們將 π 改為任何實數亦可。實際上，我們可以找到無窮多個
不同公式，適配 (fit) 有限多項的數據。這叫做**歸納法的詭論**。

　　所謂（**枚舉**）**歸納法**就是由特例的觀察，猜測出一般規律。因此，
它是對未知的一種「投石問路」，「從有涯飛躍到無涯」的大膽猜測。
這個猜測在理論上有無窮多種可能，故可能對，也可能錯，必須再經
過證明或否證才能加以判別。

例子：

　　　設 $f(m) = m^2 + m + 41$，則容易驗知當 $m = 0, 1, \cdots, 39$ 時，$f(m)$ 都
　　　是質數；但是當 $m = 40, 41$ 時，就不是質數！

進一步歸納找出規律

　　我們相信上述問題有規律可循，但規律藏得比(1)式還要深，如果
採用更細緻的歸納法，也許可以發現。

仔細觀察，當圓周上每增加一點時，數列

$$A_1, \quad A_2, \quad A_3, \quad A_4, \quad A_5, \quad A_6, \cdots$$
$$\| \quad \| \quad \| \quad \| \quad \| \quad \|$$
$$1 \quad 2 \quad 4 \quad 8 \quad 16 \quad 31 \quad \cdots$$

的變化情形:

$$\Delta A_1 = A_2 - A_1 = 1$$
$$\Delta A_2 = A_3 - A_2 = 1 + 1$$
$$\Delta A_3 = A_4 - A_3 = 1 + 2 + 1$$
$$\Delta A_4 = A_5 - A_4 = 1 + 3 + 3 + 1$$
$$\Delta A_5 = A_6 - A_5 = 1 + 4 + 5 + 4 + 1$$
$$\Delta A_6 = A_7 - A_6 = 1 + 5 + 7 + 7 + 5 + 1$$

這有點像巴斯卡 (Pascal) 三角形:

$$
\begin{array}{ccccccc}
 & & & 1 & & & & \cdots\cdots & \Delta A_1 \\
 & & 1 & & 1 & & & \cdots\cdots & \Delta A_2 \\
 & 1 & & 2 & & 1 & & \cdots\cdots & \Delta A_3 \\
1 & & 3 & & 3 & & 1 & \cdots\cdots & \Delta A_4 \\
\end{array}
$$

1   4   5   4   1 ·················· ΔA_5

1   5   7   7   5   1 ··············· ΔA_6

我們猜測其組成規律是，每一斜列都是等差數列，首項皆為 1，但公差依次為 $0, 1, 2, 3, \cdots$。因此，第 k 橫列一共有 k 項，如下:

$$1, k - 1, 2k - 5, 3k - 11, 4k - 19, \cdots$$

其中第 j 項的通式為

$$(j - 1)k - [j(j - 1) - 1]$$

化簡得

$$(j - 1)(k - j) + 1, \, j = 1, 2, \cdots, k \tag{3}$$

於是圓周上 k 個點 $P_1, P_2, \cdots, P_k$，再增加一點 P_{k+1} 時，所增加的領域數為

$$\Delta A_k = \sum_{j=1}^{k} [(j-1)(k-j)+1] \tag{4}$$

從而由差和分根本定理得到

$$A_n = A_1 + \sum_{k=1}^{n-1} \Delta A_k = 1 + \sum_{k=1}^{n-1} \sum_{j=1}^{k} [(j+1)(k-j)+1]$$

$$\therefore A_n = \frac{1}{24} n(n-1)(n^2 - 5n + 18) + 1 \tag{5}$$

顯然(5)式比(1)式還要進步。但(5)式就是我們所要追尋的答案嗎？到目前為止，這只是一個猜測。

數學歸納法

由**枚舉歸納法**所猜得的公式，要證明的話，通常就採用**數學歸納法**。前者是一種**發現方法**，後者是一種特定形式的**演繹法**，兩者有關聯，但不相同。

最常見的情形是要證明一個敘述 $P(n)$，對所有自然數 n 都成立。這要用到自然數系 $\mathbb{N}$ 的一個基本特性：由 1 出發，逐次加 1，就可以窮盡所有的自然數。

對應過來，就是數學歸納法的證明形式：

1. **起點**：驗證 $P(1)$ 成立；

2. **遞移機制**：對任意自然數 n，假設 $P(n)$ 成立，然後推導出 $P(n+1)$ 也成立。

兩個步驟合起來就證明了：對所有 $n \in \mathbb{N}$，$P(n)$ 都成立。

要利用數學歸納法證明(5)式就是分割圓的領域數，起點 $(n=1)$ 顯然是成立的，其次是驗證遞移機制。為此，我們先預備一個踏腳石。

❷補題:

> 圓周上已有 n 個點 $P_1, P_2, \cdots, P_n$，若再增加一點 P_{n+1}，則分割圓所
> 增加的領域數為
>
> $$\sum_{j=1}^{n} [(j-1)(n-j)+1] = \frac{1}{6}(n^3 - 3n^2 + 8n) \qquad (6)$$

證明: 在圖 18-3 中，我們考慮連結 P_{n+1} 與 P_j 兩點所增加的領域數。因為在上方的點 $P_1, P_2, \cdots, P_{j-1}$ 與下方的點 $P_{j+1}, P_{j+2}, \cdots, P_n$ 恰好可連成 $(j-1)\cdot(n-j)$ 條直線，它們跟直線 $\overline{P_{n+1}P_j}$ 相交於 $(j-1)(n-j)$ 個點，所以

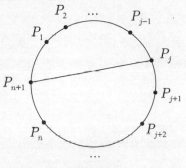

圖 18-3

增加的領域數為 $(j-1)(n-j)+1$。從 $j=1$ 到 $j=n$ 求和，得到 (6)式，就是所求的答案。Q.E.D.

　　現在作歸納假設，令圓周上 n 個點時，將圓分割成

$$A_n = \frac{1}{24}n(n-1)(n^2 - 5n + 18) + 1$$

個領域，再增加第 $n+1$ 個點時，由上述補題知，領域數變成

$$A_{n+1} = \frac{1}{24}n(n-1)(n^2 - 5n + 18) + 1 + \frac{1}{6}(n^3 - 3n^2 + 8n)$$

經過化簡，得到

$$A_{n+1} = \frac{1}{24}(n+1)n[(n+1)^2 - 5(n+1) + 18] + 1$$

這表示將(5)式中的 n 改為 $n+1$ 也成立。因此，由數學歸納法得證: 對所有 $n \in \mathbb{N}$，(5)式就是我們所欲追尋的正確公式。

比較起來，我們第二度歸納所得的(5)式是 n 的四次多項式；而初次歸納得到的(1)式是個指數函數，基本上它是 n 的無窮多項式；兩者的深淺相差很多。下面我們再從各種觀點來求解這個問題。

組合學的點算法

顯然，原問題是一個組合學的問題，理應可以用組合學的技巧求解出來。組合學講究**點算的藝術** (the art of counting)，即不用蠻力之計算。

因為任何兩點決定一直線，故 n 個點決定 $_nC_2$ 條直線。如果它們在圓內都不相交，則將圓分割成 $1 + _nC_2$ 個領域。但是，這還少算了很多。任何四點決定一個交點，每多一個交點就多分割出一個領域（如圖 18–4），因此

$$A_n = 1 + _nC_2 + _nC_4 \tag{7}$$

就是我們所欲求的答案。

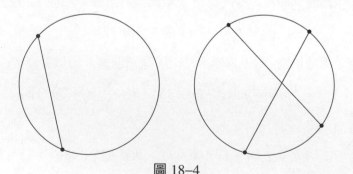

圖 18–4

事實上，利用組合公式，我們容易驗知(7)式與(5)式完全相等。比較起來，組合學的辦法，乾淨清爽得多。

差分方程法

根據前述，我們知道數列 (A_n) 滿足下列的一階差分方程式。

$$\begin{cases} \Delta A_n = \dfrac{1}{6}(n^3 - 3n^2 + 8n) \\ A_1 = 1 \end{cases} \tag{8}$$

我們欲求解(8)式。首先注意到

$$\frac{1}{6}(n^3 - 3n^2 + 8n) = \frac{1}{6}n^{(3)} + n^{(1)}$$

其中規定

$$n^{(k)} = n(n-1) \cdots (n-k+1)$$

由差分公式

$$\Delta n^{(k)} = kn^{(k-1)}$$

求解(8)式，得到

$$A_n = \frac{1}{24}n^{(4)} + \frac{1}{2}n^{(2)} + C$$

再由初期條件 $A_1 = 1$，得知 $C = 1$，從而

$$A_n = \frac{1}{24}n^{(4)} + \frac{1}{2}n^{(2)} + 1 \tag{9}$$

此式跟(5)式或(7)式，只是外表不同，實質上是完全相同的。

練習題

1. 平面上 n 條直線，問最多可將平面分割成幾個領域？　　　　❏

計算頂點數與角度

我們再介紹組合學的另一種巧妙算法。先將原問題修飾一下。

❓問題 2：

圓周上的 n 個點，連結成一個凸 n 邊形，作所有的對角線，假設沒有三線共點，問此凸 n 邊形被分割成幾個領域？

假設答案為 B_n，對於各個領域，我們很容易計算頂點數與角度，透過這些計算結果，我們就可以求得 B_n。

在分割完成後之各領域中，令 n_k 表示 k 邊形領域的個數，再假設最多邊的領域是 m 邊形。首先點算頂點的個數，三邊形有三個頂點，四邊形有四個頂點，等等，總共的頂點數為

$$3n_3 + 4n_4 + 5n_5 + \cdots + m \cdot n_m \tag{10}$$

此式包括許多重複的點算。因為每個內部頂點皆為兩條對角線之交點，所以它是四個領域的頂點，在(10)式中計算了四次。至於原凸 n 邊形的每個頂點都是 $n-2$ 個三角形之頂點，故都點算了 $n-2$ 次。因此，

$$3n_3 + 4n_4 + 5n_5 + \cdots + m \cdot n_m$$
$$= 4 \cdot (\text{內部頂點數}) + (n-2)(\text{凸 } n \text{ 邊形的頂點數})$$
$$= 4 \cdot {}_nC_4 + (n-2)n \tag{11}$$

其次，我們計算各領域的角度。k 邊形的內角和為 $(k-2) \cdot 180°$，故總角度為

$$n_3 \cdot 180° + n_4 \cdot 360° + n_5 \cdot 540° + \cdots + n_m(m-2) \cdot 180°$$
$$= {}_nC_4 \cdot 360° + (n-2) \cdot 180° \tag{12}$$

這一次沒有重複計算。(12)式除以 180，得到

$$n_3 + 2n_4 + 3n_5 + \cdots + (m-2)n_m = 2 \cdot {}_n C_4 + (n-2) \qquad (13)$$

⑾式減⒀式得到

$$2n_3 + 2n_4 + 2n_5 + \cdots + 2n_m = 2 \cdot {}_n C_4 + (n-1)(n-2)$$

兩邊同除以 2，得到

$$B_n = n_3 + n_4 + \cdots + n_m = {}_n C_4 + {}_{n-1} C_2 \qquad (14)$$

從而

$$A_n = B_n + n = {}_n C_4 + {}_{n-1} C_2 + n \qquad (15)$$

注意到，⑸式、⑺式、⑼式與⒂式都相等。

應用 Euler 公式

在平面圖枝 (planar graph) 理論裡，有一個著名的 Euler 公式：

$$V - E + F = 2 \qquad (16)$$

其中 V, E, F 分別代表頂點數，邊數與領域數，並且 F 包括有一個無窮的領域。例如，在圖 18–5 中，$V = 4, E = 6, F = 4$。永遠不要低估一個數值守恆公式！

因為

$$F = 1 + \text{內部的領域數}$$

由⒃式知

內部的領域數 $= 1 + E - V \qquad (17)$

現在回到問題 2，顯然

$$V = {}_n C_4 + n \qquad (18)$$

所以只要求出邊數 E 就好了。我們將邊分成三類：

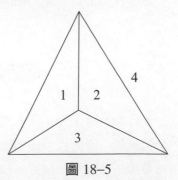

圖 18–5

（甲）原凸 n 邊形的邊

（乙）邊的兩個端點皆為內點

（丙）邊的兩個端點是內點與原凸 n 邊形的頂點

顯然（甲）的答案是 n。因為凸 n 邊形的每一個頂點都可跟其它 $n-3$ 個頂點連結而得到（丙）型的邊，所以（丙）的答案是 $n(n-3)$。今在每一個內部頂點都有四個邊交會，故 $4 \cdot {}_nC_4$ 包含了所有（乙）型的邊，但（乙）重複點算一次，並且（丙）也點算一次，故

$$4 \cdot {}_nC_4 = 2 \times (乙) + (丙)$$

另一方面

$$2 \times (甲) + (丙) = 2n + n(n-3)$$

兩式相加得

$$2 \times (甲) + 2 \times (乙) + 2 \times (丙) = 4 \cdot {}_nC_4 + 2n + n(n-3)$$

兩邊同除以 2 得

$$E = (甲) + (乙) + (丙) = 2 \cdot {}_nC_4 + n + \frac{n(n-3)}{2} \tag{19}$$

以(18)與(19)兩式代入(17)式得

$$B_n = 1 + [2 \cdot {}_nC_4 + n + \frac{n(n-3)}{2}] - [{}_nC_4 + n] = {}_nC_4 + {}_{n-1}C_2$$

倒退思考法

假設凸 n 邊形的所有對角線已連結完成，我們不直接去點算分割的領域數，而改採還原的辦法，逐次拿掉對角線，以觀察領域數的減少規律，直到拿掉最後一條對角線時，只剩下一個領域（即原凸多邊形）。整個過程總共減少的領域數為

$$L_n = (\text{第一條對角線上的交點數} + 1) +$$

$$(\text{第二條對角線上剩餘的交點數} + 1) +$$

$$(\text{第三條對角線上剩餘的交點數} + 1) +$$

$$\cdots\cdots +$$

$$(\text{最後一條對角線上剩餘的交點數} + 1)$$

此式就是內部交點數與對角線條數之和。今內部交點數為 $_nC_4$，對角線的條數為 $_nC_2 - n$，所以

$$L_n = {_nC_4} + ({_nC_2} - n)$$

從而總領域數為

$$B_n = L_n + 1 = ({_nC_4} + {_nC_2} - n) + 1 = {_nC_4} + {_{n-1}C_2}$$

各種方法殊途同歸

　　對於本節所舉的問題，我們採用了歸納法、組合法、差分方程法、計算頂點與角度、Euler 公式、倒退法等各種論證加以求解，結果顯示「條條大道通羅馬」，這反映著原問題的豐富與美妙。

　　事實上，這些都是數學中很基本的思考方法，值得徹底吸收並且學習模仿；背後所涉及的數學理論也只是初等的組合學與差和分學。

　　初等而又稍具深度的問題，是拿來鍛鍊思考的好題材，本節所討論的問題恰好就是一個絕佳的範例。在好問題的引導下，開發出各種觀點、巧妙想法，這些往往比答案本身還要有趣且重要。

Tea Time

瞧! 奇妙的數 142857

$142857 \times 1 = 142857$

$142857 \times 2 = 285714$

$142857 \times 3 = 428571$

$142857 \times 4 = 571428$

$142857 \times 5 = 714285$

$142857 \times 6 = 857142$

$142857 \times 7 = 999999$

為什麼?

提示: $\dfrac{1}{7} = 0.\overline{142857}$

19

談分析與綜合法

如果我們相信任何複雜的事物或事理都是由一些基本的要素組成的，則自然就衍生出分析與綜合的研究方法。先利用分析方法找出基本要素，然後再用綜合方法由基本要素去組合成複雜的事物。從而達到對事物或事理的結構之澄清與了解，並且引申出「以簡馭繁」的要領。

作為一個重要的科學方法，分析與綜合法 (the method of analysis and synthesis) 在數學的發展史上，扮演著主導的角色。幾乎每一個數學分支都有它的蹤跡，有的甚至還以它來命名，例如綜合幾何、解析幾何、分析學、調和分析等等。

本節我們要闡明分析與綜合法的各種意思，以及它跟各支數學發展的關連。例如，微積分及其後續發展為何叫做分析學？

分析與綜合的意義

對於事物與事理的剖析，分別產生了「本義的」與「引申的」分析與綜合法這兩層意思。

一、本義的分析與綜合法

由查字典得知: 分析就是將事物「**分解成簡單要素**」(resolution into simple elements)，綜合就是「**組合、結合、湊合在一起**」(combination, composition, putting together)。換言之，將事物分解成組成部分、要素，研究清楚了再湊合起來，事物以新的認知形貌來展現。這就是採用了**分析與綜合的方法**。下面我們舉幾個例子來說明。

古人面對大自然的森羅萬象、生成變化，想要探求其原因。於是去追究「**物質的結構**」(the structure of matter)，透過「想像的實驗」(gedanken experiment)，提出了「原子論」學說 (atomism): 物質經過逐步的分割，在很大的有窮步驟之內，就會到達**不可分割** (indivisible) 的境地，不可分割就叫做**原子** (atom)，這是**本義的分析**; 反過來，原子的不同排列與組合就形成了各種物質，這是**綜合**。原子論大師德謨克

利特斯 (Democritus) 說：「**萬有都是原子組成的**。只有原子與虛空才是最終的真實 (the ultimate reality)，其餘的都只是一時一地的意見 (opinions) 而已。」

　　在綜合的過程中，順便也解釋為什麼會發生各種現象。例如，水為什麼會有氣態、液態與結冰之三態呢? 這是因為原子的不同排列所致。為什麼有些東西是甜的? 因為組成這種東西的原子非常圓滑。上述解釋現在看起來，雖然有點可笑，但是古人長久處在以超自然的神話觀來解釋世界的情況下，敢於改用物質的原因來解釋自然現象，這在科學發展史上，是了不起的一大步。

　　白色的光經過三稜鏡，分解成紅、橙、黃、綠、藍、靛、紫七色光; 反過來，七色光又合成白色光。這就是**光譜的分析與綜合**。從而可解釋彩虹的成因。

　　分析一篇英文文章的結構，先是得到句子、單字，最後得到 26 個字母。反過來，綜合是由字母組成單字、句子，再由句子組成文章。這些是文法所要研究的題材。

　　笛卡兒 (Descartes) 在他的《方法論》中說：「**將每一個問題盡可能地且恰如所需地分成許多部分，使得每一部分都可以輕易地解決。**」這也是分析與綜合方法的展現。例如，求解一元二次方程式:

$$ax^2 + bx + c = 0, a \neq 0 \tag{1}$$

這含有無窮多個特殊的方程式，因為只要係數 a, b, c 取定一個值 $(a \neq 0)$ 就對應有一個方程式。

　　如何求解(1)式? 我們分成下列兩種情形來討論:

1.當 $b = 0$ 或 $c = 0$ 時，(1)式變成

$$ax^2 = 0 \text{ 或 } ax^2 + bx = 0 \text{ 或 } ax^2 + c = 0$$

這些方程式都很容易求解。

2. 當 $b \neq 0$ 且 $c \neq 0$ 時，這才是比較困難的情形。我們再分成由簡入繁的四種情形來思考：

(i) 可以用交叉相乘法求解的情形。例如

$$x^2 - 5x + 6 = 0$$

我們觀察到：

$$\begin{array}{ccc} 1 & \diagdown\diagup & -2 \\ 1 & \diagup\diagdown & -3 \\ \hline (-2) & + \ (-3) & = \ -5 \end{array}$$

$$\therefore (x - 2)(x - 3) = 0, \ x = 2 \ 或 \ x = 3$$

(ii) 可以化成完全平方的情形：$(x + \alpha)^2 = 0$。例如

$$x^2 + 2x + 1 = 0, (x + 1)^2 = 0, \ \therefore x = -1（兩重根）$$

(iii) 可以化成 $(x + \alpha)^2 = \beta$ 的情形。例如

$$x^2 + 6x + 7 = 0$$

可以變形成

$$x^2 + 2 \cdot 3x + 3^2 - 2 = 0, (x + 3)^2 = 2, \ \therefore x = -3 \pm \sqrt{2}$$

(iv) 一般情形：$ax^2 + bx + c = 0 \ (a \neq 0)$。由於 $a \neq 0$，故上述方程式等價於

$$x^2 + \frac{b}{a}x + \frac{c}{a} = 0 \tag{2}$$

仿上例的情形，這又可以化成 (iii) 的形式：

$$x^2 + 2 \cdot \frac{b}{2a}x + (\frac{b}{2a})^2 - (\frac{b}{2a})^2 + \frac{c}{a} = 0$$

$$(x + \frac{b}{2a})^2 = \frac{b^2 - 4ac}{4a^2}$$

$$\therefore x = \frac{-b \pm \sqrt{b^2 - 4ac}}{2a} \tag{3}$$

這種式子的變形過程叫做「**配方法**」。

綜合起來，所有的一元二次方程式都解決於(3)式的普遍公式。

二、引申的分析與綜合法

對於「事理」的結構如何剖析呢？一個敘述 (statement) 或命題 (proposition) 如何找到支持的理由？

在數學中，一個公式、定理或猜測總是以命題「若 p 則 q」的形式來出現，其中 p 叫做**前提**或**假設**，q 叫做**結論**。如何證明或否證一個命題呢？

所謂「**證明**」就是要找出從 p 連結到 q 的一條**邏輯通路**，這有時可真不容易，因為「真理往往藏得很深」。古希臘人想出一種「倒行逆施」的辦法：由結論 q 切入，即假設 q 成立，投石問路**一番**，看看能夠引出什麼結果，這就是所謂的**分析法**；等到抓得要緊的理由後，再回過頭來作演繹式的綜合，完成證明。

分析與綜合有各種的「主題變奏」(variation of the theme)：

1. 由 q 出發，推導出邏輯結果 r；如果 r 是矛盾的，那麼 q 就被否定掉，這叫做**歸謬法** (reductio ad absurdum)。例如，假設 n 是最大的自然數，由於 n^2 也是自然數，故 $n^2 \le n$。又因為一個自然數的平方必變大，故 $n \le n^2$。於是 $n^2 - n = 0$，解得 $n = 0$ 或 $n = 1$。因為 0 不是自然數，所以 1 是最大的自然數。這顯然是一個荒謬的結論。因此，自然數沒有最大元，是無界的。

同理，$\sqrt{2}$ 為無理數以及質數有無窮多個，也都可以利用歸謬法加以證明。

歸謬法是分析法的副產物。古希臘人非常看重它，因為它可以節省綜合的步驟，分析法本身就已完成了命題的證明。英國數學家哈第 (Hardy) 稱歸謬法為「**棄盤戰術**」，是數學家的「**精緻武器**」。

數學史家薩波 (Szabo) 認為古希臘人利用歸謬法發現了不可共度線段，才促使希臘幾何走上演繹的形式。

2. 由 q 出發，推導出一連串的邏輯結論，終於抵達一個已知成立的結論 r 或前提 p，那麼 r 或 p 就是 q 的**必要條件**。如果上述的每一個步驟皆可逆，則由 r 或 p 就可以推導出 q。因此，r 或 p 又是 q 的**充分條件**。既是充分條件又是必要條件，就簡稱為充要條件。

　　例如，若 $a, b \geq 0$，則 $\dfrac{a+b}{2} \leq \sqrt{ab}$。由結論切入：

$$\frac{a+b}{2} \geq \sqrt{ab} \Rightarrow \frac{(a+b)^2}{4} \geq ab \Rightarrow a^2 + b^2 \geq 2ab \Rightarrow (a-b)^2 \geq 0$$

最後一式顯然成立，因為對任何實數 x，恆有 $x^2 \geq 0$ 再配合 $a, b \geq 0$ 的前提，上述每一步驟皆可逆，於是逆推回去就完成了證明。

3. 欲得 q，只要 p_1；欲得 p_1，只要 p_2；……；最後，欲得 p_n，只要 p。

　　於是，$p \Rightarrow p_n \Rightarrow \cdots \Rightarrow p_1 \Rightarrow q$。

　　例如，在圖 19–1 的 $\triangle ABC$ 中，設 P 為 $\overline{AB}$ 邊上的一點，過 P 點求作一直線將 $\triangle ABC$ 的面積平分成兩半。

　　先考慮特例，如果 P 點在三角形的一頂點上，比如在 A 點上，那麼只要取 $\overline{BC}$ 的中點 M，連結 $\overline{AM}$ 即為所求。

　　其次，如果 P 為 $\overline{AB}$ 之內點，並且假

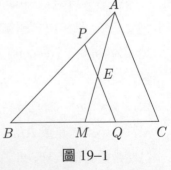

圖 19–1

設 $\overline{PQ}$ 為所求，參見圖 19–1，這只需 $\triangle AEP = \triangle MEQ$，而這又只需 $\triangle APM = \triangle PMQ$，亦即此兩三角形同底等高，所以只需作 $\overline{AQ}$ 使得 $\overline{AQ} \parallel \overline{PM}$ 就好了。「倒行逆施」的**幾何分析法** (geometric analysis) 至此完成。

接著是作**綜合**: 取 M 為 $\overline{BC}$ 之中點，過 A 點作一直線平行於 $\overline{PM}$ 且交 $\overline{BC}$ 於 Q 點，連結 $\overline{PQ}$ 即為所求。

換句話說，所謂分析法就是由一個敘述或猜測 A 出發，假設它成立，然後推導出一系列的結果:

$$A \Rightarrow B \Rightarrow C \Rightarrow \cdots \Rightarrow K \tag{4}$$

如果 K 是錯誤的或矛盾的，那麼立即就否定掉 A，這叫做**歸謬證法**。如果已知 K 是成立的，那麼 K 就是 A 的一個**必要條件**，此時 A 可能成立也可能不成立; 如果(4)式的每一步皆可逆，那麼

$$K \Rightarrow \cdots \Rightarrow C \Rightarrow B \Rightarrow A$$

我們由 K 就證明了 A，這叫做**綜合**。此時 K 又是 A 的**充分條件**，於是 A 與 K 互為**充要條件**。

亞里斯多德已經指出來，由錯誤的前提可以推導出荒謬的結論，也可以推導出正確的結論。

例如，英國著名數學家羅素 (B. Russell) 有一次在宴會上，大家給他出一個難題，要他證明 Russell = Pope (當時的教宗)，羅素立即證明如下:

$$0 = 1 = 1 = 2$$

因為 Russell 與 Pope 是 2 個人，所以 Russell 與 Pope 是 1 個人。

這跟希爾伯特 (Hilbert) 的名言:「如果 $0 = 1$，則女巫從煙囪飛出來」，異曲同工。

當我們斷言:「若 p 則 q」($p \Rightarrow q$)，什麼時候這個斷言錯誤? 例如，我許下一個諾言:「如果我領薪水，則我請客」，這只有在我領了薪水 (p 成立)，而我沒有請客 (即 q 不成立)，才算我食言，其它情形我都沒有違背諾言。換言之，條件式 "$p \Rightarrow q$" 的真值表如表 19–1 所示。

表 19–1

p	q	$p \Rightarrow q$
T	T	T
T	F	F
F	T	T
F	F	T

因此，「如果 0 = 1，則三角形三內角和為 180°」，這是對的。另外，在正確的推理之下，前提的真必可保證結論亦真。

總結上述，由結論或所發生的結果或所觀測到的現象，要探求其原因，通常就用分析法；反過來，由原因推導出結果，完成證明或求得解釋，就是綜合法。德讚克利特斯說：「我寧可要尋得一個原因，而不要得到波斯帝國」。(I would rather discover one cause than gain the kingdom of Persia.)

一般而言，綜合較單純且平凡，分析較複雜且多變。在算術中已有許多例子，例如已知雞有 17 隻，兔有 13 隻，則雞兔總共有 30 隻，腳有 86 隻，這可以看作是平凡的綜合；反過來，已知雞兔一共有 30 隻，腳共有 86 隻，要問雞兔各有幾隻，這就是小學生最感困難的雞兔同籠問題，是展現分析法的好題目，最好的解題辦法是代數方法。另外，算術基本定理更是分析與綜合法的產物。（參見第 17 節）

歐氏幾何

歐氏幾何的建立，可以說是分析與綜合法所結出的果。古希臘人從古埃及與巴比倫接收了許多經驗式的幾何知識，接著是加以整理與錘煉。首先是畢氏學派，他們分析幾何圖形的結構：

$$圖形 \rightarrow 線段 \rightarrow 點$$

反過來是綜合：由點組合成線段，再組合成幾何圖形。我們不妨稱之為**幾何的原子論** (geometric atomism)。**點**相當於幾何圖形的**原子**。

畢氏學派大膽地主張：點有一定的大小，從而任何兩線段皆可共度。由此證明了長方形的面積公式、畢氏定理與相似三角形基本定理等等，一切似乎相當成功。然而，後來他們利用歸謬法發現了正方形

的一邊與對角線**不可共度** (incommensurable)，於是畢氏學派的幾何研究綱領破產。所謂兩線段 a, b 不可共度是指不存在 $d > 0$，使得

$$a = md \text{ 且 } b = nd$$

其中 m, n 皆為自然數。

歐氏重新分析所有的幾何知識，一個命題接著一個命題逐步「倒行逆施」，最後終於抵達「直觀自明」的五條公理。再來是回頭的綜合，由五條公理（再配合五條一般公理）推導出所有的幾何定理。由於歐氏只展示出綜合的過程，而略去分析的過程，故歐氏幾何又叫做綜合幾何 (synthetic geometry)。

歐氏的曠古名著（共 13 冊）取名為 *The Elements*，為什麼呢？根據普羅克拉斯 (Proclus) 的說法，歐氏分析幾何命題之間的邏輯關連到達五條公理時，他認為這些已經是「幾何的要素」(the elements of geometry)，相當於物質世界的原子或「水、火、土、氣」（古希臘的四元素說），不能或不必再分析下去了。

歐氏幾何流傳到中國時，由利瑪竇(Matteo Ricci，西元 1552～1610 年）與徐光啟在西元 1607 年合譯出前六冊，並且將 *The Elements* 譯成《幾何原本》，這雖然沒有切中原意，但還是可以接受。有趣的是，利瑪竇在到中國傳教之前，曾教過伽利略(Galileo，西元 1564～1643 年）幾何學課程，引起伽利略對數學產生深刻的興趣（參見《世界數學簡史》423 頁，凡異出版社）。伽利略甚至倡言：「偉大的自然之書打開在我們的面前，……。它是用數學語言寫成的，並且所用的字母就是三角形、圓以及其他幾何圖形」。

伽利略首創**假說演繹法** (hypothetico-deductive method)，即大膽拋出假說，推導出結論，再用實驗加以檢驗。這個方法其實跟分析與綜合法具有密切的關連。

解析術與解析幾何

　　在數學中，發明一個記號或創造一個術語，不但是很重要而且是很慎重的 (serious) 事情，常讓數學家費盡心思。拉普拉斯 (Laplace) 說：「**數學有一半是記號的戰爭**。」我們舉代數學的命名來說明。最初，代數是算術的延伸、抽象化、一般化，因此又叫做廣義算術 (generalized arithmetic) 或普遍算術 (universal arithmetic) 或高等算術 (advanced arithmetic)。

　　利用代數方法解決問題的步驟是：設定未知數 x，立方程式，最後是解方程式。在中國的宋元時期，這叫做「天元術」，「天元」是指問題中的未知數。

　　阿拉伯人認為解方程式的主要技巧是**移項**（變號）與（等式兩邊）**對消**（即消去法）。傳到歐洲被翻譯成拉丁文 Al-jabr，這個字的本義就是指移項與對消。後來「東學西漸」，Al-jabr 演變成 Algebra（代數）一詞。

　　事實上，代數學在西方的原名不叫 Algebra。維耶塔 (Vieta) 與華立斯 (Wallis) 都稱之為 "Analytic art"（即**解析術**）；達蘭貝爾 (D'Alembert) 甚至直稱為 "Analysis"（**解析**）。道理是這樣的：對於一個算術應用問題，算術的解法是直接去求算出答案。但是「解析術」所採用的卻是分析的「倒行逆施」法，假設答案已經得到，令其為 x，那麼根據題意 x 應滿足一個方程式；接著是綜合過程，由方程式解出 x。這有別於算術解法，而且更具威力。因此，「解析術」一詞相當能抓住代數方法的精神，不輸 "Algebra" 這個詞。

「大自然喜歡把她的祕密隱藏起來」(Nature likes to hide herself)，這是古希臘哲學家赫拉克里塔斯 (Heraclitus) 之名言；但是大自然又會情不自禁地透露出一些端倪或線索 (clues) 給先知先覺的人。求知之道就是由線索切入，逐步探求出祕密。維耶塔在西元 1591 年宣稱要復興古希臘的分析法，並且將它跟代數學之父戴芳塔斯 (Diophantus) 的方法相結合。他引入「解析術」作為發現未知、探求隱晦祕密的方法，並且夢想要「**求得所有問題的解答**」(To leave no problem unsolved)。

在西方，「東來法」的 "Algebra" 與原有的「解析術」經過競爭的結果，Algebra 獲勝，一直沿用到今天。

李善蘭在西元 1859 年將 Algebra 翻譯成「**代數學**」。他所持的理由是：「**代數之法，無論何數，皆可任以記號代之。**」這可以說也切中代數方法的本義，是對 Algebra 的另一種創新用法。清初還有人將 Algebra 音譯成「阿爾熱八達」，後來都消失了。

今日代數學已著重在**數系的運算結構**，乃至更抽象的**代數結構**之研究。不過，原始的根源還是在於解方程式，其中的代數根本定理就是分析與綜合法的代表。

綜合式的歐氏幾何，經過兩千年都沒有什麼大進展。歐氏說：「在幾何中沒有皇家大道。」(There is no royal road in geometry.) 一直等到十七世紀，笛卡兒 (Descartes，西元 1637 年) 與費瑪 (Fermat，西元 1629 年) 試圖在幾何中引入「解析術」（分析法），結果發明了解析幾何 (analytic geometry)，被稱為是幾何中的皇家大道。利用坐標系，將點表成數對 (x, y)，從而可以用代數方法處理幾何問題，突破了歐氏幾何的侷限。

代數本是一種「解析術」，利用代數求解幾何問題，稱為解析幾何，以有別於歐氏的綜合幾何，這是適切的。另一方面，目前也使用「坐標幾何」的名稱，這也不錯。

笛卡兒更進一步還發展他的三步驟方法論之夢想：

1. 將所有問題化約成數學問題。

2. 再將數學問題化約成代數問題。

3. 最後變成解代數方程式的問題。

這代表著要將一切事物代數化，特別地，要將所有的數學代數化 (algebraization of mathematics) 的思想，至今方興未艾。

分析學

從古希臘人採用**窮盡法** (the method of exhaustion) 求面積開始，到十七世紀末牛頓與萊布尼茲 (Leibniz) 發明**微分法**，一舉解決了**求面積、求體積、求切線、求極值**以及**研究運動現象**，前後經過約兩千年的發展，微積分才初步創立。

微積分完全是本義的分析與綜合法的產物，微分是分析，積分是綜合。如圖 19-2 試考慮線段 $[a, b]$：經過**無窮步驟的分割**（析微），到達至微的無窮小 dx，這個程序叫做微分。反過來，將無窮多個無窮小的 dx 加起來，這是**綜合（致積）**，叫做**積分**，記成 $\int_a^b dx$。顯然我們有

$$\int_a^b dx = b - a = x \Big|_b^a \tag{5}$$

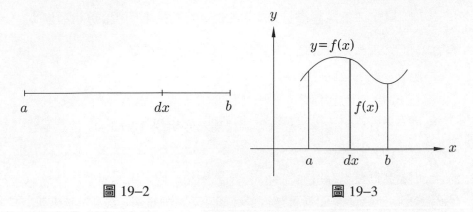

圖 19–2　　　　　　　　　　　圖 19–3

此式叫做完美的積分公式 (the perfect integral formula)。進一步推廣，對函數 $y = F(x)$ 作分析與綜合，得到

$$\int_a^b dF(x) = F(b) - F(a) = F(x)\Big|_b^a \tag{6}$$

同理，如圖 19–3，將函數 $y = f(x)$，在 $[a, b]$ 上所圍成的平面領域分割成無窮小矩形 $f(x)dx$，這是分析到至微。反過來，將無窮多個無窮小的矩形累積起來，就是綜合或**積分**，記成 $\int_a^b f(x)dx$。

我們立即可以看出：

微積分根本定理:

如果 $dF(x) = f(x)dx$ 或 $\dfrac{dF(x)}{dx} = f(x)$，並且 f 為一個連續函數，則

$$\int_a^b f(x)dx = \int_a^b dF(x) = F(x)\Big|_b^a = F(b) - F(a) \tag{7}$$

此式又叫做 Newton-Leibniz 公式。

$\dfrac{dF(x)}{dx}$ 的求算就是**微分法**，它的幾何意義是求**切線的斜率**。(7)式告訴我們，透過微分的逆運算，就可以解決求積問題。

　　總之，微積分就是將線段或平面領域分割切碎至無窮小的細微，再配合適當的記號作演算，求出其長度或面積。因此，微積分及其後續發展，如實變與複變函數論等，統稱為**分析學**（Analysis），這是實至名歸恰如其分的。

　　因為我們可以採用極限論證法來闡明這一切，所以只要是涉及無窮步驟的分析與綜合，並且落實於極限論證法的數學，就叫做分析學。今日用無窮小論證法也說得通，叫做非標準分析學（non-standard Analysis）。

　　分析學名稱的起源，還有另一個歷史理由。當初牛頓是透過無窮級數配合運動學的觀點，而揭開微積分之謎。無窮級數（又叫做無窮多項式）是多項式的無窮化，而多項式是「解析術」（即代數）所研究的主題，微積分研究無窮多項式。因此牛頓順理成章地也稱微積分為分析學。例如，二項公式是代數學的一個定理，但是當指數改為非自然數時，就變成二項級數，屬於分析學的範圍。

　　希爾伯特說：「**分析學是無窮的交響曲**」(Analysis is the symphony of infinity)，這是由**無窮步驟**的分析與綜合、**極限**、**無窮小**等交織而成的美妙音樂。

線性代數

　　線性代數的主題是研究**線性空間**（也叫做**向量空間**）及其上的**線性算子**。就其研究的運算結構來看，它是代數；但就其研究的方法來

看，完全是分析與綜合法，故又是分析學。因此，有時我們也稱線性代數為**線性分析學**。

一個向量空間的**基底相當於原子**，透過基底對向量作分析與綜合，達到對向量空間的結構之澄清。

另一方面，對於線性算子的結構之研究，我們也採用分析與綜合法，先作分析以求得簡單的組成要素，例如**乘積算子** (multiplicative operator) $A(x) = \lambda x$，再作綜合，最著名的結果就是**值譜分解定理**，這跟光譜分析完全具有平行的類推。

在數學中，凡是跟分析與綜合法有關的結果，都會被冠上解析或分析之名，例如解析函數、泰勒 (Taylor) 分析、傅立葉 (Fourier) 分析（或叫調和分析）、向量分析、解析數論等等。在其它領域用得更多，例如解析哲學、心理分析、定量與定性分析、解析力學等等，乃至跟化約主義 (reductionism) 關係密切。分析與綜合的方法大行其道，甚至變成日常用語。

完形派的觀點

值得順便一提的是，在本世紀初（西元 1912 年）由德國心理學家威特瑪（M. Wertheimer，西元 1880～1943 年）所發展的**完形學派**或叫**格式塔學派** (Gestalt school)，反對原子論的化約主義及分析主義。這個學派主張：對於部分無論研究得多麼透澈，仍然無法提供我們對整體的了悟。欲了解整體，必須「從上到下」以整體結構的眼光來觀照，再及於其組成部分之特性。整體並不等於部分的拼湊，整體總是比部分之和還多了那麼一點什麼的。威特瑪提出了如下的**完形觀** (Gestalt Vision)：

完形學派不多也不少，就是信仰整體的存在。整體不是由其個別部分所決定，但各部分則是由整體的內在機制所決定。完形學派就是希望能了解這個整體的本性。

完形學派在認知 (cognition)、解題 (problem solving)、學習 (learning) 及思考 (thinking) 等研究上，起了很重要的影響。我們應該將它看作是對分析與綜合法的增益與補足。

分析與綜合法啟示我們，隨時要注意部分與整體、局部與大域、滴水與大海之間的關連。

克卜勒定律與萬有引力定律

如上述所言，牛頓的微積分與光譜分析都是分析與綜合法的展現。他的另一項偉大的發現，萬有引力定律，更是分析與綜合法的結晶。

克卜勒經過千辛萬苦得到行星運動的三大定律後，牛頓進一步想要追究現象背後的原因。於是去分析克卜勒定律的內涵，終於發現萬有引力定律；反過來是綜合，由萬有引力定律推導出克卜勒定律 (參考資料 [69])。牛頓說：

不論是在數學或自然哲學 (即物理) 裡，研究一個困難的事物，通常是先作分析，然後才是綜合。分析包括作實驗與觀測，再利用歸納法抽取出一般的結論。……經由分析法我們可以從結果探求出原因，……。綜合則是由所發現的原因與原理來解釋觀測現象。

科學或數學有沒有發現的理路？

　　一個公式、定理、定律或科學理論的建立，通常都是由問題出發，然後經歷兩個階段的發展：

1. 先有猜測與發現的階段。
2. 接著才有檢驗（證明或否證）的階段。

在這兩個階段中，分析與綜合法都扮演了很重要的角色。

　　由於第一階段的猜測與發現過程太複雜多變化，無法明確地述說，所以通常教科書都略掉不提，而只展示第二階段的成品。我們只能泛泛地說：猜測與發現是在問題的引導下，利用分析、歸納、試誤、局部推演、類推、直觀洞悟而得到的。費若本 (Feyerabend) 甚至主張 "anything goes"（任何方法都行），也有人乾脆說「創造是不能言說的」。至於第二階段，由於側重於知識的鞏固，故採用綜合法和演繹法，此時邏輯推理與論證是主角。創造雖然沒有「邏輯橋」(logical bridge) 可走，也沒有「機械規則」(mechanical rule) 可循，但是波利亞 (Pólya) 與拉卡托斯 (Lakatos) 卻認為有「猜測式的推理」(plausible reasoning) 與「啟發術」(heuristics)，他們努力提倡並且身體力行之。他們要探索數學發現的理路 (the logic of mathematical discovery)，這在數學教育上起了重大而深遠的影響。

Tea Time

[詩的欣賞]

To see a World in a Grain of Sand,	一沙一世界，
And a Heaven in a Wild Flower.	一花一天堂。
Hold Infinity in the Palm of your hand,	握無窮於掌心，
And Eternity in an hour.	觀永恆於一瞬。

——William Blake（西元 1757～1827 年）——

註：此詩相當有微積分的味道，又有方法論的意涵。

一花一世界

一葉一如來

——禪宗——

The coming of Wisdom with time

Though leaves are many, the root is one;	葉雖多，根是一；
Through all the lying days of my youth,	經歷浮華的青春歲月，
I swayed my leaves and flowers in the sun;	我在陽光底下舞弄花葉；
Now I may wither into the truth.	如今，且看我花落果成真。

——葉慈（(W. B. Yeats，西元 1865～1939 年）——

20

蜜蜂與數學

達爾文（Darwin，西元 1809～1882 年）說：「觀察到蜂巢而不稱讚者，是糊塗蟲。」到底蜜蜂的魅力在哪裡？自然、生物與數學的關聯又如何？

All things in the whole wide world happen mathematically.

——萊布尼茲——

　　蜜蜂採花釀蜜，生產花粉、蜂蠟、蜂王乳，並且幫忙植物散播花粉，傳宗接代。因此，蜜蜂跟人類的生活，關係密切。特別地，蜜蜂又跟數學結下不解之緣，很少有其他的昆蟲像蜜蜂這麼奇妙。

　　事實上，蜜蜂所牽涉到的數學，相當深刻而有意思，例如：蜂舞與極坐標、雄蜂譜系與 Fibonacci 數列、蜂巢的極值原理。在大自然的巧妙安排下，蜜蜂「不知亦能行」地遵循這些數學法則，實在令人驚奇。

　　自然充滿著神奇奧祕，等待著我們去發掘！

一個印度數學問題

　　在西元 1000 至 1500 年之間，印度最著名的數學家婆什迦拉（Bhāskara，西元 1114～約 1185 年）寫了一本數學書，叫做《麗羅娃蒂》(*Lilāvati*)，其中有一題以蜜蜂為主角。

　　　帶著美麗眼睛的少女——麗羅娃蒂，請你告訴我：
　　　茉莉花開香撲鼻，誘得蜜蜂忙採蜜，熙熙攘攘不知數。
　　　全體之半平方根，飛入茉莉花園裡。
　　　總數的九分之八，徘徊園外做遊戲。
　　　另外有一隻雄蜂，循著蓮花的香味，進入花朵中被困。
　　　一隻雌蜂來救援，環繞於蓮花周圍，悲傷地飛舞低泣。
　　　問蜂群共有幾隻？

　　利用代數方法，這題很容易求解。設蜜蜂共有 x 隻，根據題意列得方程式

$$\sqrt{\frac{x}{2}} + \frac{8}{9}x + 2 = x$$

化簡得

$$\frac{1}{9}x - \sqrt{\frac{x}{2}} - 2 = 0 \qquad\qquad (1)$$

本質上這是個一元二次方程式。

令 $y = \sqrt{\dfrac{x}{2}}$，則 $x = 2y^2$。從而(1)式變成 $2y^2 - 9y - 18 = 0$，解得

$y = 6$ 或 $y = -\dfrac{3}{2}$，但 $y = -\dfrac{3}{2}$ 不合，故

$$x = 2 \times 6^2 = 72$$

因此，蜜蜂總共有 72 隻。

當我們學過一元二次方程式後，都知道像下列方程式

$$ax^4 + bx^2 + c = 0$$

$$ax + b\sqrt{x} + c = 0$$

$$a(\alpha x^2 + \beta x + \gamma)^2 + b(\alpha x^2 + \beta x + \gamma) + c = 0$$

$$x^2 - 18x - \frac{18}{x} + \frac{1}{x^2} = 17$$

$$4^x + 2^{x+2} + 3 = 0$$

$$(x+1)(x+2)(x+3)(x+4) + 5 = 0$$

等等，只需經過「變數代換」都可以化成一元二次方程式。事實上，變數代換的技巧非常重要，透過它使我們能夠「以簡馭繁」或穿越「表象」抓住「本質」。值得注意的是，Cardano（西元 1545 年）求解三次方程式的成功，基本上就是利用變數代換的技巧，化約成求解「二次方程式」：

$$x^6 - ax^3 - b = 0$$

古印度盛行運動競賽，其中有一關是解數學難題（頭腦體操）。於是有一本數學參考書開頭就說：能夠解出本書題目的人，將使太陽暗淡，星星失去光彩。上述蜜蜂問題就是書中的一個題目，可見在當時這是一道難題。不過，這一題趣味盎然，光讀題目就讓人眼睛發亮。

　　根據數學史，《麗羅娃蒂》是 Bhāskara 最出名的一本數學著作，Lilāvati 是他女兒的名字。有一個故事這樣流傳著：占星家預測 Lilāvati 的婚姻永遠無成，但是 Bhāskara 找到了一個解運的辦法。他做了一個可漂浮在水面上的杯子，底部開一個很小的洞，水可慢慢流進，一小時後若杯子沉沒就可擺脫厄運。在一個吉日良辰施行解運時，由於好奇心，Lilāvati 觀看杯中水逐漸上昇，突然有一顆珍珠從她身上掉入杯子裡，恰好堵住進水口，一小時後杯子並沒有沉沒，因此 Lilāvati 還是要面對永遠結不了婚的命運。為了安慰女兒，Bhāskara 說：「我要寫一本書，以妳的名字為書名，讓妳流芳萬世；因為好名聲是一個人的第二生命，也是不朽的基礎。」Bhāskara 辦到了，並且心願也達成了。

蜂舞與極坐標

　　蜜蜂是群居性的昆蟲，嚴格施行分工合作的社會（經濟學家 Adam Smith 在西元 1776 年才開始提倡人類社會也應該分工合作）。一個蜂巢通常是由一隻**后蜂**（又叫**蜂王**，是體型最大的雌蜂）、約五萬隻的**工蜂**以及

后蜂　　雄蜂　　工蜂
圖 20-1

數百隻的**雄蜂**組成的。后蜂專司產卵，是蜂群共同生活中心；工蜂負責築巢、清潔、採蜜、分泌蜂王乳、守衛、餵食幼蜂等工作；雄蜂是「小白臉」，好吃懶做，只負責跟后蜂交配。受精卵孵化出雌蜂之幼蟲，若持續餵以蜂王乳就長成蜂王；若前三天餵以蜂王乳，以後餵以蜂蜜或花粉，就發育成工蜂，因此工蜂是雌蜂。后蜂所產的未受精卵就孵化為雄蜂，故雄蜂有母無父，這是奇特之處。參見圖 20-1。

　　採蜜是工蜂最繁重的工作。首先是派出一些工蜂做偵察蜂 (explorer)，到處去找尋蜜源。當偵察蜂發現採蜜的地點時，回巢要如何告知同伴呢？這就是描述地點的問題。蜜蜂不會說話，如何解決這個難題呢？

　　我們人類描述地點的方式有很多種，例如從日常生活用語言說明、用手明指方向、畫張地圖、給出你家的地址、說出颱風所在的經緯度，到數學上更有效的直角坐標、極坐標、柱坐標、球坐標、廣義坐標等等。

　　然而蜜蜂沒有「語言」，怎麼辦呢？牠們有「**跳舞語言**」(the dance language)，以跳舞的方式來傳遞訊息，描述地點，基本上就是極坐標！（我們不要受人類自己習以為常的「語言」框框所限制！）

　　奧地利動物學家 Karl von Frisch（西元 1886～1982 年）就是專門研究蜜蜂的跳舞語言與定向 (orientation) 而有成的人，他懂得「蜂語」，故被譽為「現代公冶長」（公冶長聽得懂「鳥語」）。由於對個別動物及其社會行為規律的研究有卓著的貢獻，Frisch 與德國的 Konrad Lorenz、荷蘭的 Nikolaas Tinbergen 在西元 1973 年一起得到諾貝爾生理學暨醫學獎。

　　根據 Frisch 的研究，當偵察蜂發現一處蜜源時，牠飛回巢就先放出氣味，並且在垂直的蜂巢表面上跳舞。基本上分成兩種舞步：**圓舞**與**搖尾舞**。

　　如果蜜源距離蜂巢超過 100 公尺，則跳搖尾舞。先走一小段直線路徑，再繞半圓，回到原出發點，然後走原直線路徑，再對另一側繞半圓，如此規律地反覆交替繞半圓。在走直線路徑時，還不斷地搖擺牠的下腹，這是「搖尾舞」名稱的由來。

太陽　　　　　蜜源

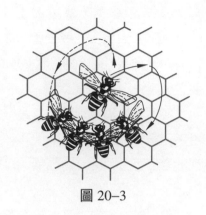

蜂巢

圖 20–2　　　　　　　　　　　圖 20–3

　　如果太陽、蜂巢與蜜源的位置關係如圖 20–2 所示，那麼圖 20–3
就是相應的搖尾舞，其中有四隻尾隨者接到訊息（見參考資料 [47]，
p. 57）。直線路徑偏離鉛垂線右方 30°，這表示蜜源在太陽方向偏右 30°
的方向。至於蜂巢與蜜源的距離由單位時間的繞圈數決定，繞越多圈
表示距離越遠。例如，每分鐘若繞 18 圈，就表示距離約為 1000 公尺。
如果直線路徑垂直向上的話，就表示蜜源在太陽的方向。因此，我們
看出偵察蜂並不是使用直角坐標，而是採用極坐標來傳遞訊息。鳥類
與魚類也有類似的行為。

　　所謂**極坐標**就是，為了描述平面上 P 點（蜜源）的位置，於是在
平面上選定一條半線 $\overrightarrow{OX}$（蜂巢與太陽方向之半線），叫做**極軸**，O 點
叫做**極點**（蜂巢），將極軸旋轉一個角度 θ，遇到 P 點，$\overline{OP} = r$，那麼
P 點的極坐標就是 (r, θ)，參見圖 20–4。在極坐標的世界有許多美妙
的幾何圖形，例如各種螺線、擺線（輪迴線）等，這些都是直角坐標
方程式難於表達的。

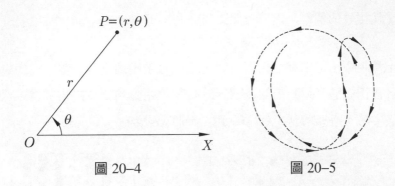

圖 20–4   圖 20–5

如果蜜源在 100 公尺以內，偵察蜂就跳**圓舞**，參見圖 20–5。這表示蜜源就在附近，請同伴出去四周圍轉一下就可以找到。實際上，在圓舞與搖尾舞之間還有一些變化形狀，在此就略掉不提。

由下面的數據我們可以體會到工蜂的辛苦與勤勞。工蜂採集 10 公斤的花蜜才能釀造出半公斤的蜂蜜，而工蜂必須出動八萬次，每次平均飛行兩公里才能採集到 10 公斤的花蜜。換言之，每釀造 1 公斤的蜂蜜，必須飛行 32 萬公里，大約是繞地球 8 圈的距離。

Frisch 的主要工作如下：在西元 1910 年證明魚可以看出不同的顏色；在西元 1919 年發現蜜蜂透過身體的搖動來傳遞訊息；在西元 1947年發現蜜蜂利用極化光來定向。他更在西元 1967 年出版《蜜蜂的跳舞語言與定向》一書（即參考資料 [47]）。物理學家李政道曾說，他喜讀各種雜書，其中 Frisch 的這本名著就是他覺得特別有趣的一本。

雄蜂的譜系與費氏數列

我們提到過，雄蜂是由未受精的卵孵化出來的，故只有母親而沒有父親。進一步，我們考慮雄蜂的譜系，如圖 20–6，我們發現一隻雄

蜂歷代祖先的個數，形成一個費氏數列 (Fibonacci sequence)：

$$1, 1, 2, 3, 5, 8, 13, \cdots$$

即由首兩項 1, 1 出發，任何一個後項都是前兩項之和。更有趣的是，若各代祖先適當排列的話，第七代的 13 位祖先恰好可以排成鋼琴八度音之間的 13 個半音階（8 個白鍵，5 個黑鍵）。

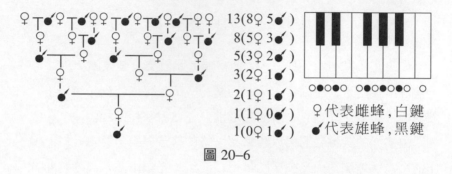

圖 20–6

除了雄蜂譜系之外，費氏數列在植物世界偶爾也可以觀察到。有些花草或樹木，其枝幹的分枝成長符合費氏數列的模式，如圖 20–7 所示。

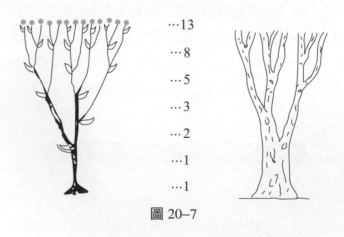

圖 20–7

你以後到野外郊遊或登山時，可以留意觀察或找尋看看有沒有符合費氏數列的樹木。筆者曾在登七星山的途中，發現一棵非常「費氏數列」的樹木。懷著一個問題或目標走入大自然，我們才能真正觀察到東西，生活也會更積極主動。

事實上，費氏數列最先是考慮兔子的繁殖引起的。中世紀歐洲最偉大的數學家 Fibonacci（西元 1180～1250 年）在 西元 1202 年出版《算盤之書》(*Liber Abaci*)，其中有一個問題如下：

> 假設任何一對新出生的兔子，兩個月後開始生一對新兔，以後每隔一個月都生一對新兔。已知年初有一對新兔，在不發生死亡的情況下，問年底總共有幾對兔子？

假設第 n 個月底兔子總共有 a_n 對，則按題意知

$$a_1 = 1, a_2 = 1 \tag{2}$$

並且

$$a_{n+2} = a_{n+1} + a_n \tag{3}$$

(3)式是一個二階差分方程式，(2)式是初期條件。求解(2)與(3)式就是要找出通項 a_n 的公式，這有種種辦法。最早是在西元 1718 年由 De Moivre 求得，後來在西元 1843 年又由 Binet 重新發現（兩位都是法國數學家），答案是

$$a_n = \frac{1}{\sqrt{5}}\left[\left(\frac{1+\sqrt{5}}{2}\right)^n - \left(\frac{1-\sqrt{5}}{2}\right)^n\right] \tag{4}$$

此式今日叫做 Binet 公式，它含有兩個驚奇：其一是涉及黃金分割的比值 $\frac{1+\sqrt{5}}{2}$，其二是整數數列 (a_n) 居然可用一些無理數的組合來表達。上述兔子問題的答案是 $a_{12} = 144$。

費氏數列具有很豐富的數學內涵，適合於高中生作獨立地探索。它又是開展抽象線性代數的一個具體而重要的胚芽（參考資料 [70]）。

蜂巢的極值原理

　　自古以來，人類對於蜜蜂的勤勞以及蜂巢的巧妙精準，無不讚揚有加。從生物學的祖師爺亞里斯多德 (Aristotle)，到數學家 Pappus，以及近代的博物學家達爾文 (Darwin) 都曾留下讚美的語句。

　　工蜂分泌蜂蠟築成蜂巢，作為后蜂產卵、育幼，以及存放蜂蜜、花粉的儲藏室。從正面看起來，蜂巢是由許多正六邊形的中空柱狀儲藏室連結而成，參見圖 20–8，讀者若具有實地見過蜂巢的經驗當然是最好。

圖 20–8

　　從整個立體的蜂巢來看，它具有左右（或前後）兩側的儲藏室，其截面如圖 20–9；而圖 20–10 是一個柱狀的儲藏室，其底部是由三個全等的菱形面 $ASBR$、$ASCQ$ 與 $PBSC$ 所組成。

　　人類對於蜂巢的結構，由觀察產生驚奇，進而提出兩個數學問題：

1. 為何是正六邊形？

2. 底部為何是三個全等的菱形面組成？

下面我們就來探索這兩個問題。

　　第一個問題涉及古老的**等周問題** (isoperimetric problem)：即在平面上，要用固定長的線段圍成一塊封閉的領域，使其面積為最大，問應如何圍法？

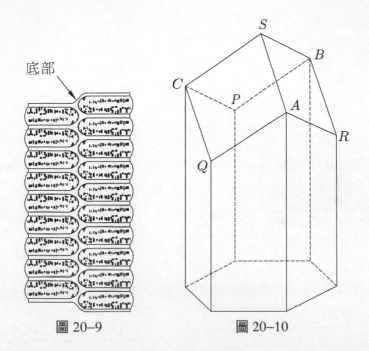

底部

圖 20–9　　　　　　圖 20–10

　　這個問題又叫做 Dido 問題。在古希臘傳說中，Dido 公主（建立迦太基的女王）憑她的直覺提出正確的答案：圓。不過，要等到兩千多年後的十九世紀，透過變分學 (calculus of variation) 的研究，才有真正嚴格的證明。

　　對於等周問題，古希臘數學家 Zenodorus（約西元前 180 年）已經證得下列的結果：

1. 在所有 n 邊形中，以正 n 邊形的面積為最大，並且邊數越多，面積也越大。
2. 圓的面積比任何正多邊形的還要大。

　　另外一方面，古埃及人已經知道，用同一種形狀與大小的正多邊形鋪地，恰好只有三種樣式，參見圖 20–11。

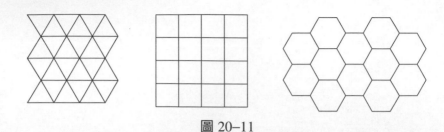

圖 20–11

即只能用正三角形、正方形與正六邊形三種情形，再沒有其他的了。這是三角形三內角和為 180° 的簡單推論。

蜜蜂分泌蜂蠟築巢，從橫截面來看，這相當於是用固定量的蠟，要圍成最大的面積，這是等周問題。由 Zenodorus 的結果，再配合上述鋪地板只有三種樣式，所以蜜蜂只有正三角形、正方形與正六邊形三種選擇，而蜜蜂憑本能選擇了最佳的正六邊形。換言之，蜜蜂採用**「最經濟原理」**來行事。

亞歷山卓 (Alexandria) 的幾何學家 Pappus，約在西元 300 年出版一套八冊的《數學文集》(*Mathematical Collection*)，其中第五冊討論等周問題及蜂巢結構問題。他特別稱讚蜜蜂「依本能智慧作論證」(reason by instinctive wisdom) 的本領，天生具有「某種幾何的洞悟力」(a certain geometrical foresight)。

其次，我們探討蜂巢的第二個問題，即每個儲藏室 (cell) 底部的幾何結構。這個問題比較困難。

我們觀察蜂巢的一個儲藏室，它是中空的正六角形柱，而底部是由三個菱形面組成，交會於底部中心頂點 S（見圖 20–10）。讓我們先回顧一段歷史。

在西元 1712 年，巴黎天文觀測所的天文學家 G. F. Maraldi，他實際度量菱形的角度，得到的結果是 70°32′ 與 109°28′，見圖 20–12。Maraldi **實地叩問自然**，並且相信蜜蜂是根據**單純性**（simplicity）與**數學美**（mathematical beauty）兩個原理來築巢。

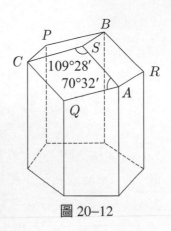

圖 20–12

Maraldi 的結果引起法國著名的博物學家 Rēaumur 的興趣，他猜測蜜蜂選擇這兩個角度一定是有原因的，可能就是要在固定容積下，使得表面積為最小，即以最少的蜂蠟作出最大容積的儲藏室。因此，Rēaumur 就去請教瑞士年輕的數學家 Samuel König 如下的問題：

> 給定正六角形柱，底部由三個全等的菱形作成，問應如何做會最節省材料？

Rēaumur 並沒有告訴 König 這個問題是由蜂巢引起的。

一直等到 König 把算得的結果 70°34′ 與 109°26′ 送到 Rēaumur 的手裡，Rēaumur 才告訴 König 關於蜂巢與 Maraldi 的實測結果。他們對於理論與實測的結果僅相差 2′，同感震驚。König 的結果支持了 Rēaumur 的猜測：蜜蜂是按「最經濟原理」來行事。König 利用**微分法**解決上述的極值問題，他說：「蜜蜂所解決的問題，超越古典幾何的能力範圍，而必須用到 Newton 與 Leibniz 的微積分。」然而，一代博學者 Fontenelle（法國科學院永久祕書）在西元 1739 年卻作出著名的判斷，他否認蜜蜂具有智慧，認為蜜蜂只是按照天生自然與造物者的指示，「不知亦能行」地（盲目地）使用高等數學而已。

關於 König 的相差 2 分問題，後來經過 Cramer、Boscovich、Maclaurin 等人的重算，發現蜜蜂是對的，錯在 König，而 König 所犯的小錯又出在計算 $\sqrt{2}$ 時，所使用的數值表印錯了一個數字。

下面我們就來求解 Rēaumur 對 König 所提出的極值問題。

考慮圖 20–13 的正六角形柱，在 A、C、E 處分別用平面 BFM、BDO、DFN 截掉三個相等的四面體 ABFM、CDBO、EDFN，見圖 20–14，使得變成圖 20–15。三個平面 BFM、BDO、DFN 延伸交於頂點 P，見圖 20–16。從圖 20–13 變成圖 20–16，所截掉的體積恰好等於所補足的體積。因此，圖 20–13 與圖 20–16 的體積相等，但是，兩者的表面積卻不相等。

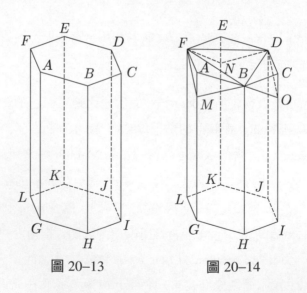

圖 20–13   圖 20–14

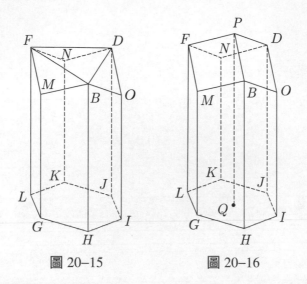

圖 20–15　　　　　圖 20–16

因此，原極值問題等價於，在容積固定下，求最小表面積。蜂巢一個儲藏室的表面（圖 20–16）是由六個梯形（$BMGH$ 等等）與三個菱形組成的。在圖 20–14 中，設 $\overline{AB}=a$, $\overline{BH}=h$, $\overline{AM}=x$（x 是變數），則由餘弦定律與畢氏定理可求得菱形 $PBMF$ 的對角線

$$\overline{BF}=\sqrt{3}\,a,\quad \overline{MP}=2\sqrt{x^2+\frac{a^2}{4}}$$

今每個菱形的面積為 $\sqrt{3}\,a\cdot\sqrt{x^2+\frac{a^2}{4}}$，每個梯形的面積為 $ah-\dfrac{1}{2}ax$，所以一個儲藏室的總表面積為

$$A(x)=3\sqrt{3}\,a\sqrt{x^2+\frac{a^2}{4}}+3a(2h-x) \tag{5}$$

由微分法，令 $A'(x)=0$ 得

$$3\sqrt{3}\,ax\cdot\frac{1}{\sqrt{x^2+\frac{a^2}{4}}}-3a=0$$

解得

$$x = \frac{\sqrt{2}}{4}a \tag{6}$$

利用二階微分，容易驗知 $x = \frac{\sqrt{2}}{4}a$ 確是極小點。在 $x = \frac{\sqrt{2}}{4}a$ 之下，進一步令菱形的銳角 $\angle PBM = \theta$，則

$$\tan(\frac{1}{2}\theta) = \frac{\sqrt{2}}{2}$$

從而

$$\tan\theta = 2\sqrt{2} \tag{7}$$

$$\therefore \theta \doteqdot 70°32'$$

✎ 練習題

1. 在圖 20–16 中，令 α 表示對角線 $\overline{PO}$ 與中心軸 $\overline{PQ}$ 之交角，試證一個儲藏室的總表面積為

$$A(\alpha) = 6ha + \frac{3}{2}a^2(\frac{\sqrt{3}}{\sin\alpha} - \cot\alpha) \tag{8}$$

再解 $A'(\alpha) = 0$，得

$$\cos\alpha = \frac{1}{\sqrt{3}} \doteqdot 0.57735 \tag{9}$$

$$\therefore \alpha = 54°44'$$ ❏

註：我們也可以利用(6)式，再配合圖 20–16，推得(9)式。

對於一個初等的極值問題，要用到微分法來處理（殺雞用牛刀），令人不滿意。於是有人，例如 Maclaurin（西元 1743 年）、L'Huillier（西元 1781 年），開始尋求初等的、簡單的代數與幾何解法。

一、代數的配方法

我們注意到，在上述的解法中，其實都跟 a 與 h 無關，所以我們不妨從頭就假設 $a = 1$。於是(5)式變成

$$A(x) = 3\sqrt{3}\sqrt{x^2 + \frac{1}{4}} + 6h - 3x$$

由於 $6h$ 是常數，故只需求

$$f(x) = \frac{3\sqrt{3}}{2}\sqrt{1 + 4x^2} - 3x$$

之最小值。令

$$y = \frac{3\sqrt{3}}{2}\sqrt{1 + 4x^2} - 3x$$

$$y + 3x = \frac{3\sqrt{3}}{2}\sqrt{1 + 4x^2}$$

兩邊平方，再化簡得

$$y^2 - \frac{27}{4} = 18x^2 - 6xy \tag{10}$$

對右項配方，再化簡得

$$3y^2 - \frac{27}{2} = (6x - y)^2 \geq 0$$

因此，當 $y = 6x$ 時，y 有最小值 $y = \frac{3\sqrt{2}}{2}$，從而

$$x = \frac{1}{6}, y = \frac{\sqrt{2}}{4}$$

得到跟(6)式相同的答案（當 $a = 1$ 的情形）。

二、二次方程的判別式法

由(10)式得

$$18x^2 - 6xy - (y^2 - \frac{27}{4}) = 0 \tag{11}$$

看作是 x 的二次方程式。因為 x 恆為實數，故(11)式的判別式

$$\Delta = 36y^2 + 4 \times 18 \times (y^2 - \frac{27}{4}) \geq 0$$

整理化簡得

$$y^2 \geq \frac{9}{2}$$

於是 y 的最小值為 $\frac{3\sqrt{2}}{2}$，以 $y = \frac{3\sqrt{2}}{2}$ 代入(11)式得

$$x = \frac{\sqrt{2}}{4}$$

達爾文稱讚蜂巢為「在已知的僅憑本能的建構中是最令人驚奇的成就」。他又說：「欲超越這樣完美的建構，自然選擇 (natural selection) 是不能達成的，因為就我們所見，蜂巢不論是在勞動力上或蜂蠟的使用上，都符合最經濟的原則，是絕對地完美。」

在大自然中，除了蜜蜂遵行「最小原理」之外，還有荷葉上的水珠，校園草地出現的人行道，光的 Heron 最短路徑原理與 Fermat 的最短時間原理等等，這不禁使我們要猜測，大自然是按著某種「最小原理」來運行的。

在十七世紀，Leibniz 從哲學上論證「這是所有可能世界中最好的一個世界」(the best of all possible worlds)。物理學家終於在十八、十九世紀找到了動力學的「**最小作用量原理**」(the principle of least action)，成為數理科學中最美麗的詩篇。

關於蜜蜂的故事

在《伊索寓言》一書中，有一則「蜜蜂與宙斯」的故事：「蜜蜂看到自己辛苦採來的蜜被人偷走，感到很氣憤，就到天神宙斯 (Zeus) 那

裡，請求給予一種能力，能夠懲罰接近蜂巢的人。宙斯對蜜蜂這種惡毒心理非常不高興，於是就賦予蜜蜂螫人之針，但是針連著腸子並且有倒鉤，使得蜜蜂刺人一次，腸子就被拉出來，因而喪命。」

故事是人編造的，因此太過於「人本」而對蜜蜂不公平。事實上，蜜蜂是出於「自衛」才螫人，宙斯對待蜜蜂是不公道的。

在臺灣也有類似的故事：「蜜蜂向觀世音請求給予自衛武器，起先觀世音不同意，生怕蜜蜂胡亂攻擊人。於是蜜蜂發誓，非到不得已的緊要關頭不會螫人，並且只要螫人一次，自己也願意付出生命的代價。觀世音同意，因此賦予連腸螫針。」這比較合情合理，蜜蜂是相當「自制」的有益昆蟲。

值得我們注意的是，上述兩個故事都是要對蜜蜂螫針連著腸子的現象作「解釋」。結果在各自不同的文化背景下，提出兩種不同的「故事」或「理論」。這告訴我們，對於同一個自然現象，人們可能創造出兩種以上不同的理論。在科學中，一個理論除了要合乎「邏輯」之外，還要接受自然的檢驗。自然是一個科學理論成立與否的最後裁判者。

根據研究，蜂毒可能有如下兩種用途：(i) 治療風濕關節炎，(ii) 去除過敏者的敏感作用。筆者曾見過有養蜂者，故意抓起工蜂，往自己身上螫刺的行為，說是要治療風濕症。

在《聖經》裡提到，上帝將給以色列人一個「流著奶與蜜」的地方，可見蜜蜂在古人（或上帝）心目中占有多麼重要的地位。在生態環境被人類破壞得這麼嚴重的今天，我們必須不斷地強調，要平等對待、尊重每一個生命的存在價值，保護環境。當蜜蜂不能生存時，人類大概也會活得很難過吧。

結　語

　　自古以來，數學受到兩方面的促動而發展：內在數學本身與外在大自然的不斷提供問題。外在這一面，數學多半是來自天文學、物理學、工藝學等領域的刺激而產生。一直到最近一兩世紀，數學與生物學的互動才活絡起來。從 Malthus 的人口論（西元 1798 年）、人口統計學、生物統計學，到 Mendel（西元 1866 年）與 Hardy-Weinberg（西元 1908 年）的遺傳定律，以至今日的分子生物學與解讀 DNA 等等，數學逐漸扮演重要的角色。

　　小小的蜜蜂在數學與生物學史上，居然扮演了相當熱鬧的角色，而且表現得那麼完美，真是可圈可點。

　　自然的調和與規律，從宇宙星辰到微觀的 DNA 構造，都可用數與形 (Number and Form) 來表達，並且結晶在數學美之中。大自然無窮的寶藏，不但提供我們研究的題材，而且還啟示方法。數學家 Fourier 說得好：**對自然的深刻研究，是數學發現最豐富的泉源。**

Tea Time

詩揭開這個世界所隱藏的美，並且讓尋常事物變成不尋常。

——雪萊 (Shelley)《詩的辯護》——

In Nature's infinite book of secrecy a little I can read.

——Shakespeare——

Come forth into the light of things,

Let Nature be your teacher.

——W. Wordsworth——

大自然充滿著神奇奧祕，等待著你去發掘。

——英國 Bedford 中學入門的標語——

In my book everything is local.

（在我的書中所說的東西都有侷限，都是局部的。）

——英國公車的車廂廣告——

21

光與影的對話

　　英國的偉大物理學家狄拉克
(Dirac) 除了精通物理學與數學之外，
也特別熱愛益智問題。他經常拋出富
有數學風味和思想內涵的有趣問題，
自娛娛人，樂此不疲。我們擇取幾個，
介紹給讀者，一起來思考、欣賞與品
味。

在創世紀的開頭，這樣寫著：

> 起初神創造天地。地是空虛混沌，淵面黑暗，神的靈運行在水
> 面上。神說，要有光，就有光。(Let there be light.) 神看見光是
> 好的，就把光暗分開了。神稱光為晝，稱暗為夜。有晚上，有
> 早晨，這是頭一日。

神總共花了六天的時間，完成創世。6 是第一個完美數 (perfect number)，6 = 1 + 2 + 3。有光就有影，光影永遠相伴隨。光子與影子親如兄弟，時常對話。兩人偶爾鬥嘴，但是每次很快就和好如初。光子是急性子，快步如飛，是天下第一的飛毛腿，遵循反射定律與折射定律的交通規則，為什麼會這樣呢？

海龍 (Heron，約西元 75 年) 說：因為光子要走**最短捷徑** (principle of least path)。看，校園草地經常出現一條小徑，君子行必由徑，光子亦然。路不是一個人走得出來的！經過了許多年，費瑪 (Fermat，西元 1601～1665 年) 說：海龍的理論不周全，你看，光子折射時，並不是走最短捷徑！我可以利用我獨創的「微分法」證明光子走的是**最短時間路徑** (principle of least time)。接著牛頓 (西元 1642～1727 年) 還拿去發展出微積分，建構他的世界體系。

光子終於按捺不住，補充說：後來馬克斯威爾 (Maxwell，西元 1831～1879 年) 論斷我是一種電磁波。愛因斯坦 (Einstein，西元 1879～1955 年) 更用廣義相對論，證明我遵循他的重力定律，當我經過太陽附近時，由於受到太陽的引力，我會繞彎路。因而有人稱讚，這是「人類思想的至高成就」。除此之外，我還有許多本事，我會製造海市蜃樓 (mirage)，也會現出彩虹的美麗本色，被人類當作是上帝的印記。

比較起來，影子是光子的跟班，光子走到哪裡，影子就跟到哪裡，簡直是跟屁蟲！

影子也不甘示弱地說：偉大的泰利斯（Thales，約西元前 546 年）當年遊學古埃及時，我曾經幫忙他測得金字塔的高度呢！

如此這般，上下古今談，與天地精神相往來，令人心曠神怡。

問題的提出

自從開天闢地後，人間不知經過了多少年。話說日本的安國寺有三位小和尚，名叫修念、珍念與一休。有一天，三人出外化緣，正是陽光普照的好天氣，三人走在青翠的原野小徑上，有清晰的影子來相伴，形影不離。

年紀最小的一休，才思敏捷，心地善良，也最富機智，沒有什麼問題可以難倒他，因而聲名遠播；修念與珍念則屬平庸之輩，許多事情都依賴一休出主意或幫忙解決。

忽然間，影子心生一計，想要測試一休，於是開口說：考考你們！

聽到這突如其來的聲音，三個人並沒有被嚇倒，反而以慣有的冷靜回答說：儘管考！

影子說：這裡有五頂帽子，三頂紅色，兩頂綠色。為了暫時不讓你們看見，請你們先進到我的黑影裡面來，我要給你們每個人都各戴上一頂帽子，剩下兩頂收藏起來。

一休：到底是什麼問題，請快說呀！

影子：別急！別急！

影子命三人排成一縱隊，由小到大，最矮的一休排在最前面，接著是次高的珍念，最高的修念則排在最後。

影子：每個人只准向前看，不准回頭看。

因此，修念可以看到前面兩位的帽色，珍念可以看到一休的帽色，只有一休無帽可看。

布置妥當後，影子請光子現身，果然大放光明。

影子對三人說：現在，請你們看前面的人之帽色，然後猜測自己頭上的帽色。這個就是我要考你們的問題。

修念看了前面兩人的帽色後，迷惑地說：我無法確知我的帽色。

接著，珍念看了一休頭上的帽子後，他說：我也不能確知！

當大家都在困惑時，光子建議說：拿一面鏡子來，照一下鏡子，反射定律就可以幫忙你確定帽色。

影子厲色地說：這是作弊！我規定只准用帽子底下的頭腦去想、去推理。

一休也附和說：是的，頭腦不是生來給頭髮覆蓋的，所以我們和尚才理光頭，只注重頭腦的鍛鍊與修行，而不在乎外表。

現在輪到一休作答。有了前面兩個人的資訊，一休盤腿打坐，閉目思考，把自己的頭當木魚，用兩手輕輕地敲打著，發出陣陣木魚的聲音，甚是好聽。最後，鏘一聲，一休張開眼睛說：我知道了 (Eureka)！

請問一休如何推算出自己的帽色？

一休的解法

一休條理分明地、清晰地說出他的思路過程：從修念的眼光來看，珍念和我的帽色，所有可能的情形只有下列四種（表 21–1）。

表 21–1　珍念和一休所戴帽子的可能情形

	珍念	一休
一	綠	綠
二	紅	綠
三	綠	紅
四	紅	紅

　　因為帽子一共有三紅與兩綠，所以如果珍念和我都戴綠帽，則修念就可確知自己是戴紅帽，這就抵觸題目的假設（修念無法確知自己的帽色）。因此，第一種情形不可能，應消除掉，只剩下後三種情形。

　　一休繼續論證說：我只有戴綠帽或紅帽兩種情形。如果我戴的是綠帽，而珍念可以看到我的帽色，那麼珍念一定知道自己戴的是紅帽，否則我和珍念都戴綠帽，這在前述已說過是不可能的。因此，我戴綠帽（第二種情形）也會抵觸題目的假設（珍念無法確知自己的帽色）。最後的結論：我戴紅帽！

方法論的整理與檢討

　　當大家在為一休的解法拍手叫好之際，發現偵探大師福爾摩斯(Holmes) 早已悄悄地來到現場，並且也聽過一休的論證。

　　福爾摩斯開口對一休說：你的論證方法跟我偵辦一件命案的方法完全一樣，我的方法是：先列出所有可能的嫌疑犯，然後排除不可能的嫌疑犯（例如有不在場的證明），最後剩下的唯一嫌疑犯，不論是多麼不可能，必定是兇手！

　　敏銳的一休回道：我聽過有人尊稱你的方法為福爾摩斯法。不過，這個方法有陷阱，萬一死者是自殺的，亦即不存在真正的兇手，那麼用你的方法辦案，可能就會冤枉好人。至於我的論證，存在性是沒有問題的，我確知我戴著紅或綠的帽子。因此，若有存在性的配合，你的方法是有效的。

　　福爾摩斯：我完全同意你的看法。

　　影子對一休說：你的話使我想起中學時代的一位數學老師，有一次他給出如下的論證：假設 x 是最大的自然數，那麼 x^2 也是自然數，所

以 $x^2 \leq x$。又因為自然數的平方會增大，所以 $x^2 \geq x$。於是 $x^2 = x$，解得 $x = 0$（不合）或 $x = 1$。因此，1 是最大自然數。這個結論很荒謬。但是推理過程似乎無誤，當時我就是不知道問題出在何處。現在我懂了，這是因為最大自然數本來就不存在，老師卻假設它存在，才推導出荒謬的結果。了解真不容易！

一休: 在禪宗的歷史裡，也有類似情形，神秀領悟到的是:

身是菩提樹，心如明鏡臺；時時勤拂拭，勿使惹塵埃。

而慧能（西元 638～713 年）則是:

菩提本無樹，明鏡亦非臺；本來無一物，何處惹塵埃?

設想有個深不可測的實體 (reality) 存在，前者採取漸近的方式，不斷地逼近真理。後者採取頓悟的方式，直接飛躍到真理。到底要採取哪一種觀點，那就要看每個人的偏好與悟性了。

光子補充說: 純從邏輯的觀點來看，由一個真的前提出發，循邏輯推理，所推導出的結論必為真。但是，一個假的前提，可以推導出荒謬的結果，也可以推導出真的結果。對於「上帝是否存在」的重要問題，在無法確知的情況下，巴斯卡（Pascal，西元 1623～1662 年）選擇賭上帝的存在，他認為由此所推演出的結果是豐美的，因而是值得的。

影子對福爾摩斯說: 讓我們遠離虛玄，還是回到身邊的解題討論。世人都公認你是位解題高手，願聞你的高見。

福爾摩斯: 解題最忌空談方法論，一定要從實際解題經驗中來累積方法。例如，在上述一休的解法裡，就含有分析法、窮舉法、歸謬法、試誤法，這些都是常見的思考方法，值得珍藏並且隨時拿出來應用。數學與偵探的訓練，可以使一個人的頭腦清晰、思想嚴密、條理分明。

問題的變形

影子又對三位小和尚說：再考你們一題！這個問題是由英國物理學家狄拉克（P. A. M. Dirac，西元 1902～1984 年）在二次大戰前訪問日本，向日本友人提出來的，屬於前述問題的變形。我們最好利用「時光機」請狄拉克到這裡來，由他本人提出問題。

說時遲，那時快，狄拉克出現了，他是一位沉默寡言的人。狄拉克在大學時代讀的是電機工程；研究所專攻應用數學。在英國的傳統裡，理論物理學被視為是應用數學的一個分支，例如劍橋大學就有一個系叫做「應用數學與理論物理學」。因此，狄拉克其實就是專攻理論物理學。

狄拉克說：這裡有五頂帽子，三紅與兩綠。請修念、珍念與一休三個人都閉上眼睛，我給你們各戴上一頂帽子，剩下的兩頂我收藏起來。現在張開眼睛，每個人都可以看到另外兩個人的帽色（自己的當然看不見），請每個人猜測自己頭上的帽色。

修念與珍念觀察了又觀察，都回答說：無法確知自己頭上的帽色。

狄拉克：一休，你知道嗎？

一休：讓我想一下。Aha! 我知道了！整個思路跟前一題完全一模一樣，答案是：我戴紅帽！我是小紅帽！

接著，一休拋出如下的問題，請大家求解：這裡有三張撲克牌，兩紅與一黑，遮蓋起來，分給甲、乙、丙三人，各一張。每個人翻看自己的牌色（不給他人看見），然後猜其他兩人的牌色。甲說：我無法確知乙、丙的牌色。乙說：起先我也是無法決定，現在既然甲說不知道，那我就知道了。

請問甲、乙、丙的牌色是什麼？

狄拉克再增加一題，讓大家回去作「頭腦的體操」：這裡有五張撲克牌，三紅與兩黑。蓋起來，分給 A、B、C、D 四個人，每人各一張，剩下的一張收藏起來。現在讓兩個人可以互相看手中的牌，然後猜其他兩人的牌色。首先，A、B 兩人看後，回答說：不知道。C、D 兩人得到這個訊息後，也互看手中的牌，仍然回答：不知道。再讓 B、C 互看，兩人同時回答：不知道。但是，B 馬上就說：如果 C 不知道，那我就知道了。C 也說：如果 B 不知道，那我就知道了。接著，A 與 D 都說：我們都知道了。請問四個人的牌色是什麼？

推廣成一般問題

光子說：據我所知，數學家的習慣（職業病），並不以解決一個特定的問題為滿足，而是要解決一整類相關的問題。

狄拉克接下去說：不但如此，還要講究方法的普遍性，解法的漂亮性 (elegance) 與簡潔性 (simplicity)。

光子於是提出下面的一般問題：這裡有 n 頂紅帽，$n-1$ 頂綠帽。假設有 A_1、A_2、…、A_n 一共 n 個人，請他們閉起眼睛，並且給每個人都戴上一頂帽子，剩下的 $n-1$ 頂都藏起來。現在張開眼睛，每個人都可以看到其他人的帽色。看過後，要猜自己所戴帽子的顏色。A_1 說：不知道。A_2、A_3、…、A_{n-1} 也都說：不知道。最後，A_n 說：我知道了。請問 A_n 的帽色是什麼？

福爾摩斯說：這個問題要仿照前述之窮舉法，加上有系統地列表，可能就有困難了，因為現在是一般的 n 個人。

一休：什麼是一般的 n？

福爾摩斯：這就是說，原問題對於 $n = 1, 2, 3, 4 \cdots$ 都要來解出來。在前述，我們已解過 $n = 3$ 的特例。

一休：我明白了。但是，這樣不就是要求解無窮多個問題了嗎？

福爾摩斯：正是如此。數學的奧妙就在於無窮，公式與定理都會涉及無窮多的對象，建立一個公式或定理就是對無窮的一次征服。數學是無窮之學，這是數學的魅力之一。

一休：真是不可思議！現在我可以想得到的就是按部就班來做了。首先，考慮 $n = 1$ 的情形。這時只有 A_1 一個人，一頂紅帽，沒有綠帽，所以 A_1 當然是戴紅帽。其次，考慮 $n = 2$ 的情形。這時有 A_1、A_2 兩個人，兩頂紅帽，一頂綠帽。如果 A_2 戴綠帽，則 A_1 就知道自己是紅帽；今 A_1 不知道自己的帽色，所以 A_2 戴的是紅帽。對於 $n = 3$ 的情形，已論證過，得知 A_3 戴紅帽。按此要領繼續做下去，我就可以知道 A_n 戴紅帽！

狄拉克馬上提醒一休說：且慢，你的說法有漏洞！我舉一個例子，著名的數學家歐拉（Euler，西元 1707～1783 年）觀察過，當 $n = 0, 1, 2, \cdots, 39$ 時，$n^2 + n + 41$ 都是質數，但是，當 $n = 40$ 時，

$$40^2 + 40 + 41 = 41^2$$

卻是合數。這警告我們，觀察了很多特例都成立的一條規律，並不保證永遠對。

一休：那要怎麼做才能保證永遠對呢？自然數有無窮多個，「吾生也有涯」，我沒有辦法一個接一個地驗證完畢它們。

福爾摩斯：這就要講究如何跟無窮搏鬥的技巧了。數學家發明數學歸納法就是一個高超的技巧，專門用來解決這類涉及無窮的問題。

一休：聽起來很迷人，願聞其詳。

福爾摩斯：我先打個比方，例如，這裡有無窮多塊骨牌，排成一列。

我們觀察骨牌的表演賽可以體會到，雖然我們無法一塊一塊地親自弄倒它們，但是我們只要確認兩件事情：第一塊骨牌倒了，並且任何一塊骨牌倒了都會打到下一塊牌使其也倒下，那麼我們就知道整排骨牌都倒了。事實上，這就是數學歸納法的精神。

一休：你一談到骨牌，我的眼睛就亮起來，因為我很喜歡玩骨牌，也愛觀賞骨牌表演。原來骨牌裡面還藏有美妙的數學，真令人驚奇！請你繼續談數學歸納法。

福爾摩斯：對應到數學來，我們要驗一個敘述，$P(n)$ 對於所有自然數 $n = 1, 2, 3, \cdots$ 都成立，不必逐一去驗證，而只需驗證兩件事情：

1. $P(1)$ 成立，並且

2. 由 $P(n)$ 的成立，可推導出 $P(n+1)$ 也成立。

這樣我們的證明就完成了。這種證法就叫做數學歸納法。把無窮步驟的驗證，化約成兩個步驟，居然可以馴服無窮，真美妙！

一休：我懂了。現在我迫不及待要試試看數學歸納法的威力。

福爾摩斯：你要證明的命題是，在上述問題的規約下，對於任意自然數 n，第 n 個人 A_n 都戴紅帽。

一休：當 $n = 1$ 時，我已經驗證過 A_1 戴紅帽。現在假設 n 個人的情形，已證明了 A_n 戴紅帽，我必須證明 $n+1$ 個人的情形，A_{n+1} 也戴紅帽。已知的資訊是，$n+1$ 個人，$n+1$ 頂紅帽（其實只要大於等於 $n+1$ 頂即可），n 頂綠帽，並且 A_1、A_2、$\cdots$、A_n 皆不知自己的帽色。如果 A_{n+1} 戴綠帽，剩下 n 個人，$n+1$ 頂紅帽（其實只需大於等於 n 頂即可），$n-1$ 頂綠帽。由數學歸納法的假設知，A_n 必戴紅帽，這就抵觸了 A_n 不知自己帽色的條件，所以 A_{n+1} 戴紅帽，證明完畢。

福爾摩斯對一休說：你論證得很好。

主題變奏

有了這些成功的解題經驗，成功為成功之母。狄拉克再提出一個問題。

狄拉克：假設有 A、B、C 三個人，並且有三頂紅帽（或不少於三頂）與兩頂綠帽。命三個人閉上眼睛，給每個人都戴上一頂帽子，並且把剩下的兩頂帽子藏起來。現在張開眼睛，三個人互相看了一下，欲猜自己的帽色。起先大家都猶豫了一會兒，然後異口同聲地說：我戴的是紅帽！請問他們是如何論證出來的呢？

一休：根據先前問題的解法可知，A、B、C 中任何兩人猶豫不決就表示第三人是戴紅帽。今三個人都猶豫不決，這表示三個人皆戴紅帽。

福爾摩斯：一休，你的論證真好，活學活用。

狄拉克：將上述問題中的三個人改為 n 個人，紅帽改為 n 頂（或不少於 n 頂），綠帽改為 $n-1$ 頂，又如何？

一休：這只要利用數學歸納法就可以證明 n 個人皆戴紅帽。

狄拉克：雖然你沒有說出詳解，但是我相信你是會的。

猴子與蘋果

大家都覺得這一類的益智問題非常有趣，恰好狄拉克興致也非常高昂。在眾人的要求下，他又出了一個問題。

狄拉克：海邊有一堆蘋果，屬於五隻猴子所共有，牠們約定好平均分配。第一隻猴子先來到，等了一會兒，不見其它同伴來，於是就將

蘋果分成五堆，每堆的個數相等，但剩下一個，牠取走一堆，並且將多餘的一個丟進海裡。接著，第二隻猴子來到，將剩下的蘋果再分成五堆，每堆個數相等，又剩下一個，牠取走一堆，並且將多餘的一個丟進海裡。第三、四、五隻猴子都依次如法泡製。問最初海邊的蘋果最少有幾個? 又問所有猴子皆取走自己應得的蘋果後，海邊的蘋果最少剩下幾個?

　　一休: 我會一點兒代數，就用代數來求解吧。假設海邊最初有 x 個蘋果，最後剩下 y 個蘋果，則第一隻猴子取走一堆，剩下 $\frac{4}{5}(x-1)$ 個。

第二隻猴子取走一堆後，剩下的個數為

$$\frac{4}{5}[\frac{4}{5}(x-1)-1]=(\frac{4}{5})^2(x-1)-\frac{4}{5}$$

第三隻猴子取走一堆後，剩下的個數為

$$(\frac{4}{5})^3(x-1)-(\frac{4}{5})^2-\frac{4}{5}$$

第四隻猴子取走一堆後，剩下的個數為

$$(\frac{4}{5})^4(x-1)-(\frac{4}{5})^3-(\frac{4}{5})^2-\frac{4}{5}$$

第五隻猴子取走一堆後，剩下的個數為

$$(\frac{4}{5})^5(x-1)-(\frac{4}{5})^4-(\frac{4}{5})^3-(\frac{4}{5})^2-\frac{4}{5}$$

化簡得到

$$(\frac{4}{5})^5(x+4)-4$$

從而得到方程式

$$y=(\frac{4}{5})^5(x+4)-4 \tag{1}$$

為了使 y 為正整數，$x+4$ 必須是 5^5 的倍數，因此最小的正整數 x 為

$$x=5^5-4=3121$$

於是

$$y = 4^5 - 4 = 1020$$

這樣就求得最小的正整數解。(1)式有無窮多組正整數解。

福爾摩斯：一休你做得完全正確。

狄拉克：這一題還可以採用線性代數求解線性方程組的方法，求得最小正整數解以及通解公式。不過，這就要用到較高深一點的數學了。通常一個問題可以有很多種解法，正好反映了該問題的多面性和豐富性。

一休：我只會小代數，不會線性代數。

狄拉克的故事

狄拉克：我來講自己親身經歷的一個故事，也是有關益智遊戲的問題，我覺得很有意思。現在就讓時光倒流到從前。

狄拉克繼續說：記得我讀小學時，老師曾出過一個問題要我們做。他用一些火柴棒擺成圖 21–1 的算式。亦即 382 – 130 = 522。這個式子是錯的，老師要我們移動火柴棒使其變成正確的等式，並且移動越少根越好。

圖 21–1

修念：這個問題應該不會很難吧！我先試試看。

經過了許多的嘗試改誤 (trial and error)，修念得意地說：我找到了移動四根火柴棒的解答，而且是兩種解答（圖 21–2）。

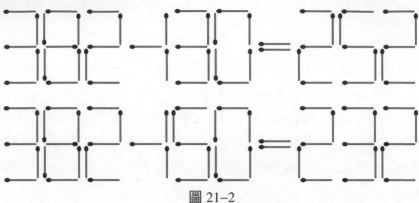

圖 21-2

其次輪到珍念，他更高興，找到了移動三根的解答（圖 21-3）。

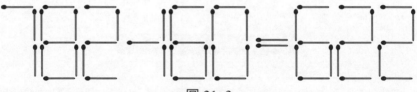

圖 21-3

接著是一休，他眼明手快：我只要移動兩根就好了（圖 21-4）！

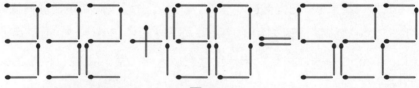

圖 21-4

正當三位小和尚都在欣喜之際，狄拉克小朋友說：我找到了只需移動一根火柴棒的解答！這是最佳解答（圖 21-5）！

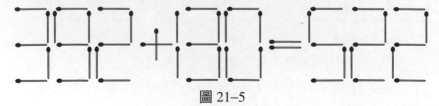

圖 21-5

大家對於這個答案都稱讚、欣賞不已，認為簡直是巧奪天工。唯獨出題的老師，靜靜地在那邊冷眼旁觀，露出並不完全滿意的神情。這使得每個人都非常迷惑。

一休心直口快地說：難道還有更好的解答嗎？比移動一根更好的解答就是移動 0 根，即原封不動。這是不可能的，這已到達絕境，好像是禪宗「隻手之聲」的公案一樣。

問題最後終於被狄拉克小朋友解決，他說出了他的悟道經驗：這個難題一直盤據在我的腦海中，苦思不得其解。有一天，我偶然從學校的走廊經過，牆上恰好有一面大鏡子，我看到了鏡中的我，是對稱的。我突然靈機一動，何不利用鏡子來觀看老師所給的錯誤式子。我馬上著手實驗，果然成功了！陣陣的狂喜從內心不斷地湧出來。鏡中影的正確等式為 $385 - 130 = 255$（圖 21–6）。

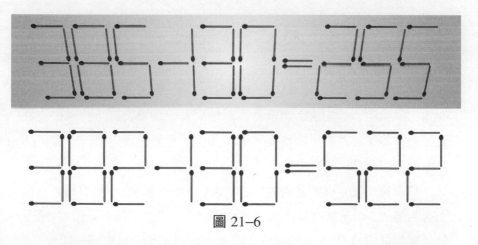

圖 21–6

大家拍案叫絕，老師也露出滿意的笑容，得天下英才而教育之的喜悅。

一休：這實在太好玩了，難怪愛麗絲要到鏡中世界去探險。這有點

像是倒著看世界。其實我也很好奇，我曾經實驗過倒立觀察安國寺，發現別有一番美妙的景致。以不尋常的角度觀看尋常事物，常會有意想不到的驚奇。

狄拉克：對稱的觀念，在近代物理學中大行其道，表現為數學就是群論 (group theory)。它雖起源於求解代數方程式與研究幾何圖形的對稱性，卻深深觸及大自然的根本。對稱涉及美，物理學與數學都講究美，跟藝術一樣。根據我的經驗，一個方程式的漂亮性，遠比它的符合實驗還重要。(Dirac 的原文是：Beauty in a theory is itself almost a form of proof. It is more important to have beauty in one's equations than to have them fit experiment. It seems that if one is working from the point of view of getting beauty in one's equations, and if one has really a sound insight, one is on a sure line of progress.)

尾　聲

經過這一場的討論，每個人都很有收穫。對於常見的分析法、歸謬法、歸納法、試誤法、窮舉法、系統列表、對稱與美、特殊化、推廣、類推等等，都有了清晰而具體的認識。在要道別之前，大家請福爾摩斯作個總結。

福爾摩斯堅定而清楚地說：做偵探工作和數學解題，在道理與方法上是相通的。由呈現在外的線索或條件（光），逐步尋幽探徑，直抵隱藏的真相或解答（影），這是考驗、鍛鍊人類的智慧和毅力絕佳的妙方。嘗試找出線索到真相的邏輯通路，就產生了光（已知）與影（未知）之間的對話，由此激發出靈感、創意、發現等等的智慧火光。

最後，大家依依不捨地說：珍重再見，後會有期。

後記：筆者的兒子從學校帶回由影子所提出的猜帽色問題，我們共同討論，
　　　解決之後，筆者意猶未盡，於是寫成本節。特此誌因緣。

 Tea Time

Dirac 論詩

　　在德國哥廷根 (G ttingen) 大學，有一天，偉大的數學物理學
家 Dirac 遇到物理學家歐本海默 (Oppenheimer)。

　　Dirac 說：歐本海默，聽說你也寫詩，我很難想像一個人同時
做尖端物理與寫詩，因為兩者的特性正好相反。在科學的這一端，
你的工作是用人人都能懂的話來說出先前沒人知道的東西；而詩
是用沒人能懂的話來說出人人已經知道的東西。

22

好玩的獨人棋

　　益智遊戲經常含有豐富的數學內涵，獨人棋是其中的一種，規則簡單，玩起來容易，適合於親子之間的交流，真正是老少咸宜。更有趣的是，它可以當作一個稍具深度的數學問題來思考。從遊戲中學習數學，不失為進入數學的一個「方便之門」。

　　獨人棋 (Solitaire) 顧名思義是一種單人「獨樂」的棋局。由於最終目標是要走至剩下「一子」，故又叫做「獨子棋」。目前市面上流行的名稱叫做「孔明棋」。

　　在文獻上，獨人棋已有許多不同的破解法，但是正如一般的數學書或文章一樣，只給出解答，缺少如何求得解答的思路過程。至少在筆者所收集的資料中，不曾見過。本節的目的就是要補足這個缺憾，提出筆者的一種解法，尤其是展示一些思路的過程與方法，包括嘗試改誤、直觀猜測、分析與綜合、對稱性思考等等。

　　我們要強調：思考的過程往往比答案本身更重要且更有趣。目前的中學教育，多半只注重答案的填鴨背記，而忽略思考的養成，導致「採擷花朵但得不到花的美麗」。

什麼是獨人棋?

　　獨人棋由棋盤與棋子所組成。在棋盤上，有橫向與縱向的平行線交織成十字形，總共有 33 個交會處可置棋子，參見圖 22–1。市面上常見的棋盤有圓形或正方形兩種。我們可以隨時用紙張畫成棋盤，並且用小石子、圍棋子或其它東西來權充棋子。

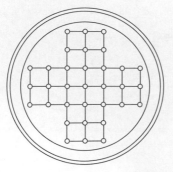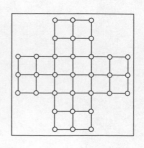

圖 22–1

為了描述方便起見，我們引入坐標，並且把棋子改置於方格內。例如，在圖 22–2 中，$A = (4, 6)$，$B = (6, 5)$，$C = (4, 4)$，$D = (3, 1)$。我們稱中心位置 C 為「天元」。

下棋的規則很簡單，採用類似跳棋的走法：

> 每次由某個棋子跳過緊鄰的棋子到一個空格去，被跳過的棋子就要移離棋盤；只能跳過一子且不准斜跳。

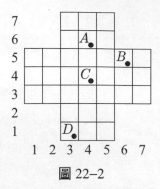

圖 22–2

舉例說明如下（圖 22–3）：

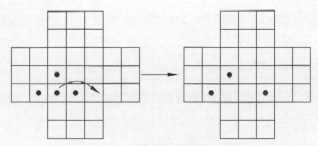

圖 22–3

我們將 32 顆棋子置於棋盤上，但是讓「天元」空著，參見圖 22–4。按照上述的下棋規則，一直走下去，直到不能再走為止，盤面上剩下的棋子越少越好。最佳的情形是剩下一顆棋子，並且此子恰好在「天元」位置，這叫做「破解」棋局。

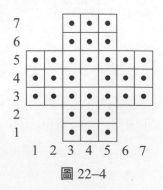

圖 22–4

由實踐累積經驗

如何破解這個棋局呢?

　　每個人面對獨人棋,都會先實際操作,「遊戲」一番,從中逐漸累積感覺 (feeling) 與經驗,接著為了破解棋局才產生「概念」與「方法」。這是人類認知發展的通則,即哲學家康德 (I. Kant) 所說的「所有人類的知識皆起源於直覺 (intuitions),然後進入概念 (concepts),最後止於理念 (ideas)」。

　　對於一位生手來說,第一盤棋在盤面上可能剩下許多棋子就無處可跳了,例如圖 22–5 與圖 22–6 分別就是剩下 6 子與 3 子的結局。

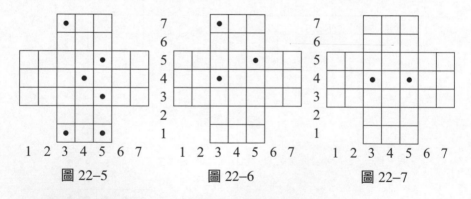

圖 22–5　　　　　　　　圖 22–6　　　　　　　　圖 22–7

　　繼續不斷地下棋,有時終止於 3 子,有時終止於 4 子或 5 子,起伏不定。於是開始用心思考與觀察,漸漸有了「概念」,例如棋子要互相呼應,不要落單。在一個偶然機會下,終於達到 2 子的結局,眼見接近「破解」,但一試再試,總是無法辦到,甚至又退步,此時是玩興最濃的時候。

圖 22-7 是按下列的跳法而終止於 2 子的棋局。

1. $(4, 2) \rightarrow (4, 4)$	11. $(2, 5) \rightarrow (4, 5)$	21. $(4, 3) \rightarrow (2, 3)$
2. $(6, 3) \rightarrow (4, 3)$	12. $(3, 7) \rightarrow (3, 5)$	22. $(1, 3) \rightarrow (3, 3)$
3. $(5, 1) \rightarrow (5, 3)$	13. $(4, 5) \rightarrow (2, 5)$	23. $(3, 4) \rightarrow (3, 2)$
4. $(4, 3) \rightarrow (6, 3)$	14. $(1, 5) \rightarrow (3, 5)$	24. $(1, 4) \rightarrow (3, 4)$
5. $(2, 3) \rightarrow (4, 3)$	15. $(6, 5) \rightarrow (4, 5)$	25. $(3, 5) \rightarrow (3, 3)$
6. $(7, 3) \rightarrow (5, 3)$	16. $(5, 7) \rightarrow (5, 5)$	26. $(3, 2) \rightarrow (3, 4)$
7. $(3, 1) \rightarrow (3, 3)$	17. $(4, 4) \rightarrow (4, 6)$	27. $(5, 4) \rightarrow (5, 7)$
8. $(4, 4) \rightarrow (4, 2)$	18. $(4, 7) \rightarrow (4, 5)$	28. $(7, 4) \rightarrow (5, 4)$
9. $(4, 1) \rightarrow (4, 3)$	19. $(4, 5) \rightarrow (6, 5)$	29. $(5, 3) \rightarrow (5, 5)$
10. $(4, 6) \rightarrow (4, 4)$	20. $(7, 5) \rightarrow (5, 5)$	30. $(5, 7) \rightarrow (5, 4)$

此時可以兩人或多人輪流玩，互相比賽，棋子剩下較少的人就算贏。我們也可以訂出評分標準，例如表 22-1 所示：

表 22-1

所剩棋子數	分　　數
1	100
2	90
3	80
4	70
5	60
6 以上	不及格

思考破解之道

從「兩子」要進展到「獨子」的破解是最艱難的一個關卡，幾乎人人都被卡在這裡。碰到了「難題」，固然產生挫折，但也令人生出欲破解它的決心。

筆者採用了分析與綜合、找尋「好形」、保持對稱性等原則，經過大量的試誤，終於找到一條破解之道。

在此要請讀者暫停閱讀，而獨立地去追尋自己的答案。自己找尋到的一個答案，勝過別人告訴你的許多答案。前者能提昇能力，受惠終生；後者若未經消化，徒增記憶負擔而已。

一、分析與綜合法

我們要從 32 個棋子出發，走到剩下 1 個棋子，這相當於數學定理之由「假設」（或前提）推演到「結論」一樣。這個方向不妨稱之為「正向走法」或「綜合法」。當我們採用「**正向走法**」而久久無法找到一條從假設到結論的通路時，通常就改採「**逆向走法**」或「**分析法**」，嘗試由結論出發，倒著走，看看是否可以抵達假設。若可以的話，再順原路返走一趟就好了。參見圖 22–8。

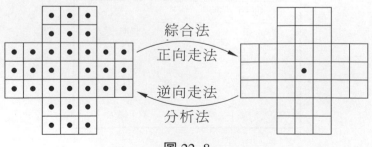

圖 22–8

逆向走法的規則就是，在棋盤上一子的旁邊按直線放兩子，然後取走原來的一子，例如圖 22-9:

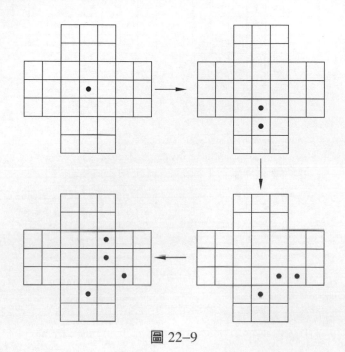

圖 22-9

二、可解的好形

欲破解獨子棋，其實「正向」與「逆向」的走法差不多同樣困難。不過，逆向走法有一個好處，讓我們可以找出許多「**可解的好形**」，例如:（圖 22-10）

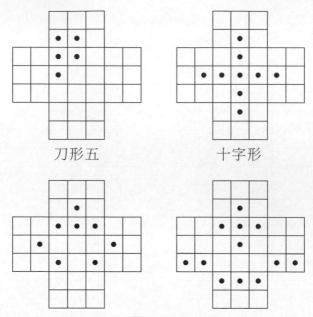

刀形五　　　　　　　　十字形

圖 22–10

　　讀者可以自己找出更多的「可解好形」，這些包括「對稱形」與「非對稱形」；其中的對稱形除了「漂亮」之外，更讓人「直觀地」感覺到也許它們跟棋局的破解會有關連。

　　偉大的數學家兼哲學家萊布尼茲 (Leibniz) 喜玩獨人棋，並且特別看重「逆向走法」，因為透過它可以建構出「可解的好形」，這有助於增進「發明的藝術」(the art of invention)。

三、保持對稱性

　　對稱性的思考在數學中本來就非常重要。此地我們利用正向與逆向的走法，並且在過程中儘量保持「**對稱形**」，終於破解棋局。

　　首先是逆向走法，參見圖 22–11：

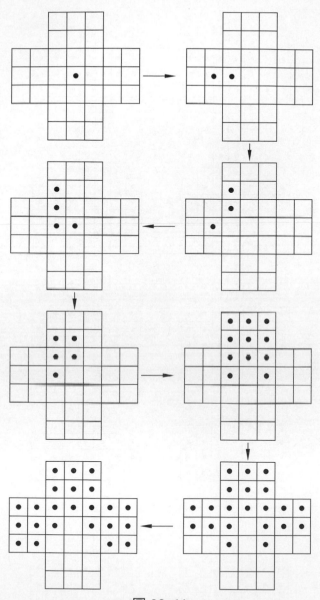

圖 22-11

其次是正向走法。由圖 22-11 中最後一個圖看來，在棋盤的四側，
只需處理其中的一側就好了。這並不困難，我們的走法如圖 22-12 所示：

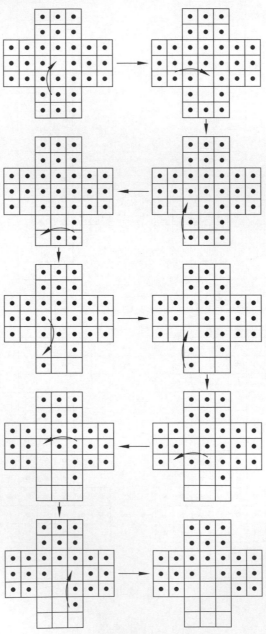

圖 22–12

　　圖 22–12 與圖 22–11 的最後一圖恰好相遇，正如走迷宮或做數學推演時，我們常常是正、逆兩向各走幾步，在半途會合而解決問題。因此，我們已找到一種破解獨子棋的方法，每一步的走法用坐標表示如下，參見圖 22–4：

1. $(4, 2) \to (4, 4)$
2. $(2, 3) \to (4, 3)$
3. $(3, 1) \to (3, 3)$
4. $(5, 1) \to (3, 1)$
5. $(3, 4) \to (3, 2)$
6. $(3, 1) \to (3, 3)$
7. $(4, 3) \to (2, 3)$
8. $(5, 4) \to (3, 4)$
9. $(5, 2) \to (5, 4)$
10. $(1, 3) \to (3, 3)$
11. $(7, 3) \to (5, 3)$
12. $(3, 4) \to (3, 2)$
13. $(5, 4) \to (5, 2)$
14. $(1, 4) \to (3, 4)$
15. $(7, 4) \to (5, 4)$
16. $(3, 5) \to (3, 3)$
17. $(5, 5) \to (5, 3)$
18. $(3, 2) \to (3, 4)$
19. $(5, 2) \to (5, 4)$
20. $(1, 5) \to (3, 5)$
21. $(7, 5) \to (5, 5)$
22. $(4, 5) \to (6, 5)$
23. $(5, 7) \to (5, 5)$
24. $(3, 7) \to (5, 7)$
25. $(5, 4) \to (5, 6)$
26. $(5, 7) \to (5, 5)$
27. $(6, 5) \to (4, 5)$
28. $(4, 6) \to (4, 4) \to (2, 4)$
29. $(3, 6) \to (3, 4)$
30. $(2, 4) \to (4, 4)$

　　注意到，第 28 步的連跳算是一步。有了第一次「破解」成功的經驗，要再找其它解法就不難了，例如下列解法總共是 26 步：第 1 步到第 6 步如上述，接著為

7. $(3, 6) \to (3, 4)$
8. $(1, 5) \to (3, 5)$
9. $(1, 3) \to (1, 5)$
10. $(4, 5) \to (2, 5)$
11. $(1, 5) \to (3, 5)$
12. $(6, 5) \to (4, 5)$
13. $(5, 7) \to (5, 5)$
14. $(3, 7) \to (5, 7)$
15. $(5, 4) \to (5, 6)$
16. $(5, 7) \to (5, 5)$
17. $(5, 2) \to (5, 4)$
18. $(7, 3) \to (5, 3)$
19. $(7, 5) \to (7, 3)$
20. $(4, 3) \to (6, 3)$
21. $(7, 3) \to (5, 3)$
22. $(4, 5) \to (6, 5) \to (6, 3) \to (4, 3)$ $\to (2, 3) \to (2, 5) \to (4, 5)$
23. $(4, 4) \to (2, 4)$
24. $(4, 6) \to (4, 4)$
25. $(5, 4) \to (3, 4)$
26. $(2, 4) \to (4, 4)$

最佳解答的尋覓

對於獨子棋，我們要問兩個基本問題：

　1. 它可解 (soluble) 嗎？

　2. 如果是可解的話，最少需幾步可以解決？

第一個問題的答案是肯定的，因為我們已經實際建構出解答了。第二個問題較困難，讓我們回顧一段歷史。首先在西元 1890 年，皮爾 (W. H. Peel) 給出 19 步的解答如下：

1. $(4, 2) \rightarrow (4, 4)$　　　　　11. $(3, 2) \rightarrow (3, 4)$

2. $(4, 5) \rightarrow (4, 3)$　　　　　12. $(1, 3) \rightarrow (3, 3)$

3. $(6, 4) \rightarrow (4, 4) \rightarrow (4, 2)$　　13. $(4, 3) \rightarrow (2, 3)$

4. $(6, 3) \rightarrow (4, 3)$　　　　　14. $(1, 5) \rightarrow (1, 3) \rightarrow (3, 3)$

5. $(5, 1) \rightarrow (5, 3)$　　　　　15. $(3, 1) \rightarrow (5, 1) \rightarrow (5, 3)$

6. $(5, 6) \rightarrow (5, 4) \rightarrow (5, 2)$　　16. $(5, 7) \rightarrow (3, 7) \rightarrow (3, 5)$

7. $(7, 5) \rightarrow (5, 5)$　　　　　17. $(7, 3) \rightarrow (7, 5) \rightarrow (5, 5)$

8. $(2, 5) \rightarrow (4, 5) \rightarrow (6, 5)$　　18. $(3, 4) \rightarrow (3, 6) \rightarrow (5, 6) \rightarrow (5, 4)$

9. $(3, 7) \rightarrow (3, 5)$　　　　　　　　　　$\rightarrow (5, 2) \rightarrow (3, 2) \rightarrow (3, 4)$

10. $(3, 4) \rightarrow (3, 6)$　　　　　19. $(2, 4) \rightarrow (4, 4)$

其次，在西元 1908 年，益智遊戲大師杜丹尼 (H. E. Dudeney) 也提出 19 步的解答，跟皮爾的解答類似，只有第 4 步到第 13 步不同，其餘的全同：

4. $(5, 6) \rightarrow (5, 4)$

5. $(7, 5) \rightarrow (5, 5)$

6. $(2, 5) \rightarrow (4, 5) \rightarrow (6, 5)$

7. $(3, 7) \rightarrow (3, 5)$

8. $(3, 4) \rightarrow (3, 6) \rightarrow$

9. $(3, 2) \rightarrow (3, 4)$

10. $(1, 3) \rightarrow (3, 3)$

11. $(6, 3) \rightarrow (4, 3) \rightarrow (2, 3)$

12. $(5, 1) \rightarrow (5, 3)$

13. $(5, 4) \rightarrow (5, 2)$

　　杜丹尼的解答較皮爾的稍微「漂亮」一點，但是並沒有實質上的差異。杜丹尼認為 19 步已是最少步數，無法再縮短了。然而，在西元 1912 年，柏格荷特 (Ernest Bergholt) 就提出了非凡的 18 步解答：

1. $(4, 6) \rightarrow (4, 4)$

2. $(6, 5) \rightarrow (4, 5)$

3. $(5, 7) \rightarrow (5, 5)$

4. $(5, 4) \rightarrow (5, 6)$

5. $(5, 2) \rightarrow (5, 4)$

6. $(7, 3) \rightarrow (5, 3)$

7. $(4, 3) \rightarrow (6, 3)$

8. $(7, 5) \rightarrow (7, 3) \rightarrow (5, 3)$

9. $(3, 5) \rightarrow (5, 5)$

10. $(1, 5) \rightarrow (3, 5)$

11. $(2, 3) \rightarrow (4, 3) \rightarrow (6, 3)$
　　$\rightarrow (6, 5) \rightarrow (4, 5) \rightarrow (2, 5)$

12. $(3, 7) \rightarrow (5, 7) \rightarrow (5, 5) \rightarrow (5, 3)$

13. $(3, 1) \rightarrow (3, 3)$

14. $(3, 4) \rightarrow (3, 2)$

15. $(5, 1) \rightarrow (3, 1) \rightarrow (3, 3)$

16. $(1, 3) \rightarrow (1, 5) \rightarrow (3, 5)$

17. $(3, 6) \rightarrow (3, 4) \rightarrow (3, 2)$
　　$\rightarrow (5, 2) \rightarrow (5, 4) \rightarrow (3, 4)$

18. $(2, 4) \rightarrow (4, 4)$

　　這可以再精進嗎？由於長久以來一直找不到少於 18 步的解答，因此有人開始猜測，也許 18 步是最少步數的最佳解答。但是，如何證明呢？這是一個比較困難的問題。在西元 1964 年，終於由英國劍橋大學的比斯雷 (J. D. Beasley) 加以解決。他利用一些數學技巧，證明 17 步不可能完成，因此柏格荷特所作出的 18 步是最少步數的解答。

　　關於這個證明以及獨人棋的各種變化玩法,在此我們不預備介紹,有興趣的讀者請見參考資料 [52]。

後記: 筆者和兒子一起玩獨人棋,我們畫了不下 100 個圖,合力破解它,特此誌因緣。

23

向阿基米德致敬

　　法國啟蒙運動大師伏爾泰
(Voltaire) 說：「即使是數學，都需要
驚人的想像力，……阿基米德的頭腦
要比荷馬 (Homer) 的更富想像力。」
本節我們只展示阿基米德由洗澡而悟
出皇冠問題的解法，及一些相關的發
現，以窺其丰采於萬一。這個論題含
有豐富的歷史、人文、科學與數學之
內涵。

　　義大利西西里島 (Sicily) 的東南地方，有一個叫做西拉克斯 (Syracuse) 的海港。西元前 734 年，迦太基 (Carthage) 人曾在此建造一座古城，這就是阿基米德（Archimedes，約西元前 287～212 年）的故鄉，他在此誕生，其後到過亞歷山卓 (Alexandria) 留學，然後回鄉工作並且死於故鄉。

　　根據歷史的記載（或傳說），西拉克斯的國王 Hieron 二世，為了慶功謝神，命金匠打造一頂純金皇冠，要獻給不朽的神。完工之日，國王懷疑皇冠不純，摻雜有銀子，但是苦於找不到科學方法加以判別。因此，他就去請教好朋友阿基米德，提出著名的皇冠問題 (the crown problem)：

　　　　在不熔化皇冠的條件下：

　　　　1.如何判別皇冠是純金與否？

　　　　2.若不是純金的話，如何求得金、銀的含量各占多少？

　　阿基米德苦思一段時日，也是無所得。有一天他到澡堂洗澡，當他把身體沉入浴池的水裡時，他敏銳地察覺到水位上昇，並且身體的重量稍減（參見圖 23-1），他突然靈光閃現，狂喜得忘我地裸奔衝跑回家，並且大叫：

Eureka! Eureka!

意指：我發現了！我發現了！

圖 23-1　　阿基米德沐浴圖

　　本節我們要展示阿基米德的分析方法與實驗精神，結合物理與數學，從而解決皇冠問題的過程，並且由洗澡又發現「浮力原理」，再延伸出實數系「阿基米德性質」的美妙收穫。

分析與實驗

大家都知道，金的比重大於銀，故相同重量的金或銀，體積是前者小於後者（圖 23-2）。同理，相同體積的金或銀，重量是前者大於後者。

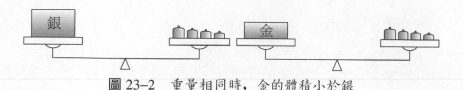

圖 23-2　重量相同時，金的體積小於銀

其次，一塊金屬在打造成不同的形狀後，體積不變（假設是實心的，內部沒有空隙），表面積當然會變。

有了上述兩個基本常識，阿基米德分析論證如下：假設秤得皇冠的重量是 2879 克，再取來同樣是 2879 克的一塊純金與一塊純銀，已知它們的體積分別為 V_1 與 V_3。假設皇冠的體積為 V_2，那麼就有

1.如果皇冠是金銀混合打造的，則

$$V_1 < V_2 < V_3 \tag{1}$$

2.如果皇冠是純金打造的，則

$$V_1 = V_2 < V_3 \tag{2}$$

反之亦然。因此，只要能夠測量出皇冠的體積，就可以利用(1)式或(2)式來驗知皇冠是純金與否的問題。

阿基米德雖是求算體積（如球、錐的體積）的高手，但是皇冠凹凸不平、彎曲變化，如何求它的體積呢？

正當他苦思不得其解時，洗澡的契機使他發現身體所排開的水量正好就是身體浸在水中的部分之體積。這馬上使他悟出，皇冠體積的度量方法：在裝滿水的水槽，將皇冠全部沉入水中，那麼溢出水的體積就是皇冠的體積。

現在取來一塊純金，跟皇冠同樣都是重 2879 克（圖 23-3）。再將它們沉入相同的兩個水槽中，阿基米德發現皇冠所排開的水量比較多（圖 23-4），即(1)式成立。因此他證明了金匠「偷工減料」。我們注意到，如果金、銀的比重很相近，那麼就可能會產生判別上的困擾。

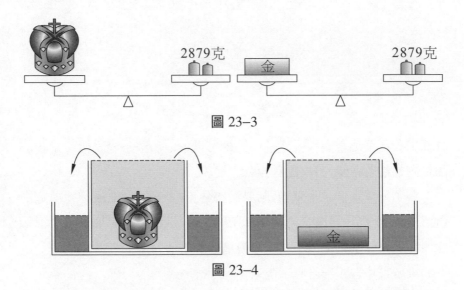

圖 23-3

圖 23-4

阿基米德所解決的皇冠問題，雖然渺小，也不難，但已足令他狂喜到裸奔。因此，不論問題是大或小，困難或容易，只要是自己從頭到尾徹底地想出來，獨立地解決問題，就會令人欣喜若狂。例如，當牛頓發現微分與積分的關聯時，他說：「我已經發現了用微分來算積分！」這種喜悅標誌著數學史上的一個偉大時刻 (a great moment)。數學裡有最豐富的題材，讓人得到這種美好的經驗。

在歷史上，還有兩個例子，可以比美阿基米德解決皇冠問題：曹沖秤象與愛迪生（Edison，西元 1847～1931 年）測量電燈泡的體積。

世界上每天有何其多的人洗澡，只有阿基米德從中得到「我發現了」，這是因為懷有「問題意識」，在問題的引導之下，讓他對周遭的

感覺敏銳。「天才是一分的靈感，加上九十九分的流汗」，愛迪生如是告誡我們。靈感 (inspiration) 與流汗 (perspiration) 的英文恰好押韻，形成類比。

皇冠問題的定量解法

為了探求皇冠的金、銀含量，我們必須利用物體的比重概念。我們定義物體（或物質）密度與純水密度的比值，叫做該物體的比重 (specific gravity)。表 23–1 就是一些金屬的比重數值表。

表 23–1　金屬的比重

水	1.00	鐵	7.86
金	19.30	鉛	11.34
銀	10.50	白金	21.37
銅	8.93	水銀	13.59

換言之，同樣是 10 立方公分的金、銀、銅，它們的重量分別是 193 克、105 克與 89.3 克（圖 23–5）。

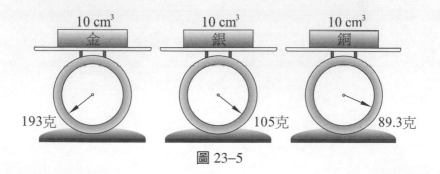

圖 23–5

一、算術解法

今假設測得皇冠的體積為 182 立方公分，重量為 2879 克。如果皇冠是純金的，則應該重

$$182 \times 19.3 = 3512.6 \text{ 克}$$

或體積應該是

$$2879 \div 19.3 = 149.2 \text{ 立方公分}$$

這些都跟實際不符，故知皇冠不是純金打造的。

進一步，若皇冠是純金的，則重量比實際的皇冠重

$$3512.6 - 2879 = 633.6 \text{ 克}$$

而 1 立方公分的金比 1 立方公分的銀重

$$19.3 - 10.5 = 8.8 \text{ 克}$$

故對於純金皇冠，每將 1 立方公分的金換成 1 立方公分的銀，會減輕 8.8 克的重量。今欲減輕 633.6 克，總共需換

$$633.6 \div 8.8 = 72 \text{ 立方公分}$$

因此，實際的皇冠含有 72 立方公分的銀，$182 - 72 = 110$ 立方公分的金。從而，實際的皇冠所含金、銀各有

$$19.3 \times 110 = 2123 \text{ 克}，\quad 10.5 \times 72 = 756 \text{ 克}$$

二、代數解法

事實上，這就是「雞兔同籠」問題，我們不妨稱之為「金銀同冠」。

❓ 問題：

有金、銀兩種怪獸同在一個皇冠之中，各有腳 19.3 隻與 10.5 隻，總共有 182 隻怪獸，2879 隻腳，問金、銀怪獸各有幾隻？

利用代數解法，假設金、銀各有 x 立方公分與 y 立方公分，則依題意可得聯立方程組

$$\begin{cases} x + y = 182 \\ 19.3x + 10.5y = 2879 \end{cases}$$

解得 $x = 110, y = 72$。

　　上述從算術解法到代數解法，正好是反映從小學數學到國中數學的伸展。阿基米德的皇冠問題是一個絕佳的歷史名例，結合生活實際、歷史、物理與數學，又富趣味性。

浮力原理與阿基米德性質

　　阿基米德由洗澡與皇冠的實驗，又發現浮力原理。

一、浮力原理

　　物體在流體中（不論浮或沉），會減輕重量，並且所減輕的重量就等於物體所排開的流體之重量。這個原理也稱為阿基米德原理。

練習題

1. 假設有一頂皇冠、一塊純金及一塊純銀，三者的重量都一樣，為 384 克。將它們都浸沒到水中，秤其重量，發現純金減少 19 克，純銀減少 28.5 克，皇冠減少 21.25 克。問皇冠中含金、銀各多少克？

2. 有一個容器可浮在水槽的水面上，水槽不大，可以精確地刻劃出水槽的水位。假設容器裝入一頂皇冠後，仍浮在水面上，我們在水槽上刻劃出水位線。現在將皇冠取出，沉入水槽中，問相對於原先的水位線，水槽的水位是上昇或下降？

阿基米德性質

　　阿基米德在澡堂中，靈感特別多。他一面洗，一面用手把水潑弄

出去，立刻悟到: 只要有恆地潑水出
去，在有限次之內，一定可以把水潑
弄淨盡。有恆為成功之本。換言之，
不論澡堂的水多麼多，用一個小湯匙
（不論多麼小），不斷地取水，必有乾
枯之時（圖 23-6）。

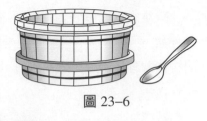

圖 23-6

改用數學的術語來說就是:

任意給兩個實數 $M > 0$ 及 $\varepsilon > 0$ $(M > \varepsilon)$，必存在一個自然數 n，
使得 $n\varepsilon > M$。

這就是實數系所具有的著名的**阿基米德性質** (Archimedean property)。通常我們在心目中是想像 M 很大，ε 很小，分別代表澡盆的水量與一湯匙的水量。這個原理在高等數學中很重要，它等價於 $\lim\limits_{n \to \infty} \dfrac{1}{n} = 0$（練習題）。利用窮盡法 (method of exhaustion) 求面積與體積時，所根據的原理就是阿基米德性質。

阿基米德性質也可以解釋成**愚公移山原理**: 不論山 $M > 0$ 有多大，一鏟 $\varepsilon > 0$ 有多小，終究有一天 $n \in \mathbb{N}$，山會被愚公挖光 $n\varepsilon > M$。

更可以解釋成**龜兔賽跑原理**: 不論兔子在烏龜前方 $M > 0$ 有多遠，烏龜的步幅 $\varepsilon > 0$ 有多小，假設兔子睡大覺不動，烏龜終有一天 $n \in \mathbb{N}$，會超越兔子 $n\varepsilon > M$（圖 23-7）。

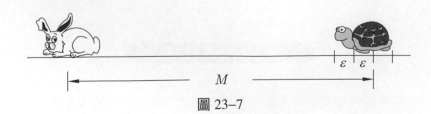

圖 23-7

　　阿基米德性質雖然很直觀易明，但是若要證明它的話，卻必須用到深刻的實數系完備性。另一方面，利用阿基米德性質，我們可以證明有理數系 $\mathbb{Q}$ 稠密於實數系 $\mathbb{R}$：對於任意兩實數 $a, b \in \mathbb{R}, a < b$，恆存在有理數 $r \in \mathbb{Q}$，使得 $a < r < b$（練習題）。

　　在紀元前五世紀，古希臘哲學家季諾 (Zeno) 曾提出飛毛腿阿基里斯 (Achilles) 與烏龜賽跑的詭論 (paradox)。他宣稱只要讓烏龜在阿基里斯前方 1 公里，開始賽跑，那麼阿基里斯永遠追不上烏龜。假設阿基里斯的速度是烏龜的 10 倍，則當阿基里斯跑到烏龜的出發點時，烏龜已向前方走了 $\dfrac{1}{10}$ 公里，按此要領下去，烏龜永遠在阿基里斯的前方（圖 23-8）。請你破解這個詭論。

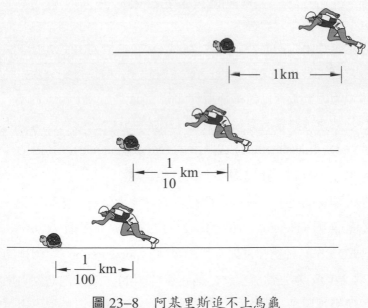

圖 23-8　阿基里斯追不上烏龜

阿基米德也是設計機械的高手，
他擅用槓桿與滑輪的原理設計兵器，
抵抗羅馬大軍攻打西拉克斯城；製造
器械讓國王 Hieron 獨自一個人就把
新造好的船推移入海，使得國王高興
地說：「今後不論阿基米德說什麼，我
都相信。」圖 23-9 的螺旋管抽水機也
是他的傑作。他常被後人引用的一句名言是：

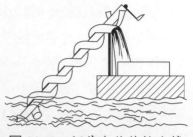

圖 23-9　阿基米德的抽水機

給我一個支點，我就可以移動地球。

結　語

阿基米德由洗澡而得到的收穫是豐富的。這種由生活經驗出發，
展開探索、試誤 (trial and error)、實驗與猜測，最後得到發現，這個思
考論證過程才是教育應該千錘百鍊的核心工作。

數學教育或科學教育，不論是採取啟發式、建構式、引導式、蘇
格拉底式 (Socrates method) 或摩爾式 (Moore method)，其目的都是要
讓學生獨立地得到「**我發現了**」的喜悅經驗。

在人類文明史上，**阿基米德**是公認最偉大的三位數學家之一，另
外兩位是**牛頓**（Newton，西元 1642～1727 年）與**高斯**（Gauss，西元
1777～1855 年）。他們都是以工作的專注 (concentration) 與創造的偉大
而聞名；其中阿基米德更獨特，他強調**發明的方法**，他是先利用流體
靜力學與槓桿原理（即機械、物理方法）猜得答案，然後再用邏輯作
嚴格的證明，發現與證明兼顧。

英國數學家 G. H. Hardy（西元 1877～1947 年）說：

> 阿基米德被後人記得，但是 Aeschylus（西元前 525～450 年，古希臘悲劇詩人）卻被遺忘，因為語言會死亡，而數學觀念永恆不朽。

當羅馬大軍在西元前 212 年攻陷西拉克斯城時，士兵進入民宅，發現一位老人正專注在做數學。老人對士兵說：「不要弄壞我的圖形！」士兵憤而殺死老人，據說這位士兵的名字叫做 Zero，這就是偉大的阿基米德之死，連帶地古希臘精神也被殺死了！所謂**古希臘精神**就是「為真理而真理」，講究追根究柢、論證、美、……的精神。

羅馬人對科學並沒有什麼貢獻，因為他們是一群重視現實利益的人，對知識的追求也只為有用與有利。這種功利的觀點與眼界，在今天的社會更加盛行，並且與我們長相左右。英國數學家及哲學家 A. N. Whitehead（西元 1861～1947 年）說得好：

> 阿基米德死在羅馬士兵手下，象徵著第一階巨大的世界變化。羅馬是一個偉大的民族，但卻由於死守實用而沒有創造。他們不是足夠的夢想家，所以無法產生新的觀點，以便更根本地掌握自然界的各種力量。沒有一個羅馬人因為沉迷於幾何圖形中而喪失生命。

文藝復興的一個意義就是要恢復古希臘精神。人要親自找尋真理，檢驗真理，由此開創出實驗與數學相結合的研究方法，導致十七世紀的科學革命，匯聚成今日文明的主流。

從長遠的歷史眼光來看，十七世紀以後的科學方法，只是回復到阿基米德而已。因此，阿基米德是一位開山祖師，萬古常新！我們向阿基米德致敬！

Tea Time

Democritus：Give me atoms and void, and I will construct the universe.

Archimedes：Give me a fulcrum and I will move the earth.

Galileo：In a way, Copernicus did move the earth.

Descartes：Give me matter and motion, and I will construct the universe.

Kant：Give me matter and I will build a world from it.

Newton：Give me gravitational constant and I will measure the stars.

參考資料與索引

$$\Omega \omega \text{ omega}$$

參考資料

1. W. W. Rouse Ball, *Mathematical Recreations and Essays*, Revised by H. S. M. Coxeter, Macmillan, 1962.

2. W. Benson and O. Jaceby, *New Recreations with Magic Squares*, Dover, 1976.

3. G. Berman and K. D. Fryer, *Introduction to Combinatorics*, Academic Press, 1972.

4. P. R. Halmos, "The Thrills of Abstraction", *Two-year College Mathematics Journal*, Vol. 13, 243～251, 1982.

5. D. W. Henderson, *Experiencing Geometry on Plane and Sphere*, Prentice Hall, 1996.

6. H. R. Jacobs, *Geometry*, W. H. Freeman and Company, 1974.

7. B. L. Van Der Waerden, *Geometry and Algebra in Ancient Civilizations*, Springer-Verlag, 1983.

8. D. M. Burton, *The History of Mathematics*, Allyn and Bacon, Inc, 1985.

9. B. L. Van Der Waerden, *Science Awakening*, Oxford University Press, 1961.

10. E. W. Hobson, *A Treatise on Plane and Advanced Trigonometry*, Dover, 1957.

11. Z. A. Melzek, *Invitation to Geometry*, John Wiley and Sons, 1983.

12. E. S. Loomis, *The Pythagoream Proposition*, National Council of Teachers of Mathematics, Washington, D.C., 1968.

13. D. E. Varberg, "Pick's Theorem Revisited", *Amer. Math. Monthly*, 92: 584～587, 1985.

14. W. W. Funkenbusch, "From Euler's Formula to Pick's Theorem Using an Edge Theorem", *Amer. Math. Monthly*, 81:647~648, 1974.

15. G. Haigh, "A 'Natural' Approach to Pick Theorem", *Math. Gaz.*, 64: 173~177, 1980.

16. P. R. Scott, "The Fascination of the Elementary", *Amer. Math. Monthly*, pp. 759~768, 1987.

17. I. Niven and H. S. Zuckerman, "Lattice Points and Polygon Area", *Amer. Math. Monthly*, pp. 1195~1200, 1967.

18. B. Grunbaum and G. C. Shephard, "Pick's Theorem", *Amer. Math. Monthly*, pp. 150~161, 1993.

19. D. DeTemple and J. M. Robertson, "The Equivalence of Euler's and Pick's Theorem", *Math. Teacher*, 67:222~226, 1974.

20. R. Ding, K. Kolodziejczyk and J. R. Reay, "A New Pick-type Theorem on the Hexagonal Lattice", *Discrete Math.*, 68:171~177, 1988.

21. R. Ding and J. R. Reay, "The Boundary Characteristic and Pick's Theorem in the Archimedean Planar Tilings", *J. Combinat. Theory*, A44:110~119, 1987.

22. H. E. Huntley, *The Divine Proportion, a Study in Mathematical Beauty*, Dover, 1970.

23. Rager Herz-Fischler, *A Mathematical History of Division in Extreme and Mean Ratio*, Wilfrid Laurier University Press, 1987.

24. N. N. Vorob'ev, *Fibonacci Numbers*, Pergamon Press, 1961.

25. A. J. Cole and A. J. T. Davie, "A Game Based on the Euclidean Algorithm and a Winning Strategy for It", *Math. Gaz.*, 53:354~357, 1969.

26. E. L. Spitznagel, "Properties of a Game Based on Euclid's Algorithm", *Mathematics Magazine*, 46:87～92, 1973.

27. Joe Roberts, *Elementary Number Theory*, M. I. T. Press, 1977.

28. J. D. Dixon, "The Number of Steps in the Euclidean Algorithm", *J. Number Theory*, 2:414～422, 1970.

29. J. D. Dixon, "A Simple Estimate for the Number of Steps in the Euclidean Algorithm", *Amer. Math. Monthly*, 78:374～376, 1971.

30. W. Sierpinski, *Theory of Numbers*, Warszawa, 1964.

31. G. Polya, *Mathematics and Plausible Reasoning*, Princeton University Press, 1954.

32. J. W. Dauben, *Georg Cantor: His Mathematics and Philosophy of the Infinite*, Princeton University Press, 1979.

33. V. J. Katz, *A History of Mathematics*, Haper Collins College Publishers, 1993.

34. Fryer and Berman, *Introduction to Combinatories*, Academic Press, New York, 1972.

35. Victor Bryant, *Aspects of Combinatories*, Cambridge University Press, 1993.

36. R. Honsberger, *Mathematical Gems*, Mathematical Association of America, 1973.

37. Richard K. Guy, "The Strong Law of Small Numbers", *American Mathematical Monthly*, pp.697～712, 1988.

38. I. Lakatos, "The Method of Analysis and Synthesis", *In Mathematics, Science and Epistemology*, Cambridge University Press, 1980.

39. G. Holton, "Analysis and Synthesis as Methodological Themata", *In the Scientific Imagination: Case Studies*, Cambridge University Press, 1978.

40. P. Feyerabend, *Against Method*, Verso Edition, 1984.

41. M. Wertheimer, *Productive Thinking*, The University of Chicago Press, 1982.

42. C. B. Boyer, *History of Analytic Geometry*, Mack Printing Co., 1956.

43. I. Lakatos, *Proof and Refutation, the Logic of Mathematical Discovery*, Cambridge University Press, 1983.

44. A. Szabo, *The Beginnings of Greek Mathematics*, Reidel, 1978.

45. M. E. Baron, *The Origins of the Infinitesimal Calculus*, Dover, 1987.

46. J. Hintikka, and U. Remes, *The Method of Analysis, Its Geometrical Origin and Its General Significance*, Boston Studies in the Philosophy of Science, 1974.

47. K. Von Frisch, *The Dance Language and Orientation of Bees*, Harvard University Press, 1967.

48. d'Acry W. Thompson, *On Growth and Form*, Abridged Edition, Cambridge University Press, 1961.

49. W. Durham, *The Mathematical Universe*, John Wiley & Sons, Inc., 1994.

50. C. B. Boyer, *A History of Mathematics*, Revised by U. C. Merzbach, John Wiley & Sons, Inc., 1991.

51. Polachek, Harry, "The Structure of the Honeycomb", *Scripta Math.*, 7 : 87～98, 1940.

52. J. D. Beasley, *The Ins and Outs of Peg Solitaire*, Oxford University Press, 1985.

53. J. H. Conway, E. R. Berlekamp and P. K. Guy, *Winning Ways for Your Mathematical Plays*, Vol. 2 : 697～734, Academic Press, 1982.

54. Harry O. Davis, "33 – Solitaire, New Limits, Small and Large ", *Math. Gaz.*, 51 : 91～100, 1967.

55. M. Gardner, *Peg Solitaire. The Unexpected Hanging and Other Mathematical Diversions*, pp.122～135, Simon and Schuster, 1969.

56. E. J. Dijksterhuis, *Archimedes*, Princeton University Press, 1987.

57. C. H. Edward, *The Historical Development of the Calculus*, Springer-Verlag, 1979.

58. C. B. Boyer, *A History of Mathematics*, John Wiley & Sons, 1968.

59. T. L. Heath, *A History of Greek Mathematics*, Vol. II, Oxford University Press, 1921.

60. G. F. Simmons, *Calculus Gems*, McGraw-Hill, Inc., 1992.

61. 伊達文治,《アルキメデスの數學》, 森北出版株式會社, 1993。

62. 蕭文強,《1, 2, 3, … 以外, 數學奇趣錄》, 書林出版有限公司, 臺北, 1994。

63. 費曼,《你管別人怎麼想》, 尹萍、王碧譯, 天下文化出版公司, 1991。

64. 費曼,《別鬧了, 費曼先生》, 吳程遠譯, 天下文化出版公司, 1993。

65. 戴森,《全方位的無限》上、下冊, 李篤中譯, 天下文化出版公司, 1991。

66. 許振榮,〈關於 Ptolemy 的定理〉,《數學傳播》, 七卷三期, 1983。

67. 楊維哲,〈談輾轉相除法〉,《數學傳播》, 七卷一期, 1983。

68. 王子俠,〈一組弦可將圓分成幾部分?〉,《數學傳播》, 十六卷三期, 1992。

69. 蔡聰明,〈蘋果樹下的沉思與悟道〉,《科學月刊》, 二十五卷七、八期, 1994。

70. 賴東昇,〈再談費氏數列〉,《科學月刊》, 六卷十期, 臺北, 1975。

71. 曹亮吉,《阿草的葫蘆》, 遠哲科學教育基金會, 臺北, 1996。

72. 楊維哲，《解析幾何》（初中資優生的），三民書局，臺北，1988。

73. 種村保三郎，《臺灣小史》，譚繼山譯，武陵出版公司，臺北，1993。

74. 林聰源，《數學史——古典篇》，凡異出版社，新竹，1995。

75. 拉德雪梅，《數學欣賞》，凡異出版社，新竹，1991。

76. 萊曼，《數學趣聞集錦》，凡異出版社，新竹，1988。

77. A. Aaboe，《古代數學史趣談》，吳啟宏譯，中央書局，臺中，1971。

78. 曹亮吉，《數學導論》，科學月刊社，臺北，1988。

79. 小平邦彥，《幾何への誘い》，岩波書店，1991。

80. 張世揚，《基礎養蜂學》，淑馨出版社，臺北，1992。

81. L. Hogben，《大眾數學》，胡樂士譯，徐氏基金會出版，臺北，1983。

82. 杜潘芳格，《青鳳蘭波》，前衛出版社，臺北，1993。

83. Alan Wood，《羅素傳》，林衡哲譯，志文出版社，臺北，1967。

84. H. Reichenbach，《科學的哲學之興趣》，吳定遠譯，水牛出版社，臺北，1977。

85. 殷海光，《邏輯新引》，亞洲出版社，香港，1965。

86. 湯川秀樹，《湯川秀樹自述》，陳寶蓮譯，遠流出版公司，臺北，1994。

87. B. Magee，《卡爾‧波柏》，周仲庚譯，龍田出版社，臺北，1979。

88. 狄更生，《希臘的生活觀》，彭基相譯，臺灣商務印書館，臺北，1971。

索　引

英文部分

鸚鵡螺數學叢書介紹

數學拾貝　　蔡聰明／著

數學的求知活動有兩個階段：發現與證明。並且是先有發現，然後才有證明。在本書中，作者強調發現的思考過程，這是作者心目中的「建構式的數學」，會涉及數學史、科學哲學、文化思想等背景，而這些題材使數學更有趣！

數學悠哉遊　　許介彥／著

你知道離散數學學些什麼嗎？你有聽過鴿籠（鴿子與籠子）原理嗎？你曾經玩過河內塔遊戲嗎？本書透過生活上輕鬆簡單的主題帶領你認識離散數學的世界，讓你學會以基本的概念輕鬆地解決生活上的問題！

微積分的歷史步道　　蔡聰明／著

微積分如何誕生？微積分是什麼？微積分研究兩類問題：求切線與求面積，而這兩弧分別發展出微分學與積分學。
微積分最迷人的特色是涉及無窮步驟，落實於無窮小的演算與極限操作，所以極具深度、難度與美。

從算術到代數之路 —讓 x 噴出，大放光明—

蔡聰明／著

最適合國中小學生提升數學能力的課外讀物！本書利用簡單有趣的題目講解代數學，打破學生對代數學的刻板印象，帶領國中小學生輕鬆征服國中代數。

數學的發現趣談　蔡聰明／著

一個定理的誕生，基本上跟一粒種子在適當的土壤、陽光、氣候……之下，發芽長成一棵樹，再開花結果的情形沒有兩樣——而本書嘗試盡可能呈現這整個的生長過程。讀完後，請不要忘記欣賞和品味花果的美麗！

摺摺稱奇：初登大雅之堂的摺紙數學

洪萬生／主編

共有四篇：

第一篇　用具體的摺紙實作說明摺紙也是數學知識活動。

第二篇　將摺紙活動聚焦在尺規作圖及國中基測考題。

第三篇　介紹多邊形尺規作圖及其命題與推理的相關性。

第四篇　對比摺紙直觀的精確嚴密數學之必要。

藉題發揮 得意忘形　葉東進／著

本書涵蓋了高中數學的各種領域，以「活用」的觀點切入、延伸，除了讓學生對所學有嶄新的體驗與啟發之外，也和老師們分享一些教學上的經驗，希冀可以傳達「教若藉題發揮，學則得意忘形」的精神，為臺灣數學教育注入一股活泉。

數學拾穗

蔡聰明／著

本書收集蔡聰明教授近幾年來在《數學傳播》與《科學月刊》上所寫的文章，再加上一些沒有發表的，經過整理就成了本書。全書分成三部分：算術與代數、數學家的事蹟、歐氏幾何學。最長的是第 11 章〈從畢氏學派的夢想到歐氏幾何的誕生〉，嘗試要一窺幾何學如何在古希臘理性文明的土壤中醞釀到誕生。最不一樣的是第 9 章〈音樂與數學〉，也是從古希臘的畢氏音律談起，把音樂與數學結合在一起，所涉及的數學從簡單的算術到高深一點的微積分。其它的篇章都圍繞著中學的數學核心主題，特別著重在數學的精神與思考方法的呈現。

國家圖書館出版品預行編目資料

數學的發現趣談／蔡聰明著.－－四版五刷.－－臺北
市：三民，2020
面；　公分.－－（鸚鵡螺數學叢書）

ISBN 978－957－14－5807－6　（平裝）
1. 數學 2. 通俗作品

310　　　　　　　　　　　　　　　102009019

鸚鵡螺 數學叢書

數學的發現趣談

作　　　者	蔡聰明
總 策 劃	蔡聰明
發 行 人	劉振強
出 版 者	三民書局股份有限公司
地　　　址	臺北市復興北路 386 號 (復北門市) 臺北市重慶南路一段 61 號 (重南門市)
電　　　話	(02)25006600
網　　　址	三民網路書店 https://www.sanmin.com.tw
出版日期	初版一刷 2000 年 2 月 初版八刷 2009 年 2 月 二版一刷 2010 年 2 月 修訂三版一刷 2012 年 7 月 四版一刷 2013 年 6 月 四版五刷 2020 年 7 月
書籍編號	S312870
I S B N	978-957-14-5807-6

三民書局